植物生理学综合性和设计性实验教程

李忠光　龚　明　编著

华中科技大学出版社

中国·武汉

内 容 提 要

本书主要介绍植物生理学实验基础、植物生理学综合性和设计性实验概述,以及热激诱导的玉米幼苗耐热性观察及其生理生化机制、气孔运动中的信号交谈、烟草悬浮细胞培养体系的建立和原生质体培养及高等植物叶绿体及其色素等实验技术,将54个基础性实验通过不同的主题串联成综合性实验,并附有42个设计性实验选题。

本书介绍的这些实验方法,既可以独立开设基础性实验,也可以围绕相关主题开设综合性和设计性实验。本书可作为高等院校生物科学、应用生物科学、生物技术等本科生教材与相关学科教学和研究人员的参考书。

图书在版编目(CIP)数据

植物生理学综合性和设计性实验教程/李忠光,龚明编著.—武汉:华中科技大学出版社,2013.12
(2020.8重印)
　ISBN 978-7-5609-9516-8

　Ⅰ.①植…　Ⅱ.①李…　②龚…　Ⅲ.①植物生理学-实验-高等学校-教材　Ⅳ.①Q945-33

中国版本图书馆 CIP 数据核字(2013)第 287034 号

植物生理学综合性和设计性实验教程　　　　　　　　　李忠光　龚　明　编著

策划编辑:王新华
责任编辑:程　芳　熊　彦
封面设计:李　嫚
责任校对:邹　东
责任监印:周治超
出版发行:华中科技大学出版社(中国·武汉)　　电话:(027)81321913
　　　　　武汉市东湖新技术开发区华工科技园　　邮编:430223
录　　排:华中科技大学惠友文印中心
印　　刷:武汉邮科印务有限公司
开　　本:710mm×1000mm　1/16
印　　张:11
字　　数:230 千字
版　　次:2020 年 8 月第 1 版第 2 次印刷
定　　价:26.00 元

前　言

　　植物生理学是研究植物生命活动规律及与环境相互关系的科学,是生物学领域中实验性较强的学科。在深化高等教育改革的今天,对实验教学提出了更高层次的要求,教学目标从传统的"验证理论,培养动手能力和多种实验技能"向"培养创新思维、创新能力和科研能力"转变。但长期以来,植物生理学实验多以验证理论和培养基本实验技能的验证性实验为主,培养学生综合能力与创新能力的综合性和设计性实验较少,在一定程度上制约了学生能力的提高。为适应 21 世纪我国高等教育改革和发展的需要,培养具有创新能力和实践能力的生物学教学与研究人才,多年来,针对我校植物生理学实验课程的培养目标和学科特点,我们把科研成果转化为综合性和设计性实验内容,在植物生理学实验教学中进行了综合性和设计性实验教学改革与实践,研究成果分别在 2008 年和 2009 年获得云南师范大学教学成果一等奖和云南省教学成果二等奖。在此基础上,通过参阅国内外相关课程的最新研究成果,编写了本书。

　　本书在介绍"植物生理学实验基础"和"植物生理学综合性和设计性实验概述"的基础上,以植物逆境生理章节中"热激诱导的玉米幼苗耐热性观察及其生理生化机制"、水分代谢和信号传导章节中"气孔运动中的信号交谈"、植物生长发育章节中"烟草悬浮细胞培养体系的建立和原生质体培养"和光合作用章节中"高等植物叶绿体及其色素"四条主线为线索,将植物生理学中的 54 个基础性实验通过不同的主题串联成综合性实验,每个综合性实验后都配有不同的设计性实验选题。这些实验方法,既可以独立开设基础性实验,也可以围绕相关主题开设综合性和设计性实验。本书是既体现综合性和设计性,又具有灵活性的实验教材。本书可作为高等院校生物科学、应用生物科学、生物技术等本科生教材与相关学科教学和研究人员的参考书。

　　鉴于编者的水平有限,编写时间较仓促,本教程难免有不足之处,敬请读者和专家指正。

编　者

2013 年 10 月

目　　录

第 1 章　植物生理学实验基础

1.1　植物生理学实验守则

（1）进入实验室必须穿着实验工作服，严禁赤脚、穿拖鞋。

（2）对于基础性实验，实验前应认真预习，弄清实验目的、原理、方法及步骤，根据实验要求，做好预习报告；对于综合性和设计性实验，实验前要写好设计方案，熟悉实验实施过程中所涉及的试剂的配制方法和设备的使用方法；按时进入实验室，接受教师检查，预习和设计方案未完成者，不得做实验。

（3）尊敬师长，团结同学；实验室内禁止打闹、喧哗，保持安静的学习、研究环境。

（4）不准在实验室内留宿，严禁在实验室内生火做饭、进餐、吃零食和贮藏食物及化妆品。

（5）未经实验室管理者同意，任何人不得将实验室内物品、设备、药品带出实验室。实验开始前，实验教师必须将实验用具向学生交代清楚，实验结束后如数清点收回，遗失或损坏者必须填写报损单，交实验教师签字，并按学校、学院有关规章制度进行赔偿。

（6）未经实验室管理者或实验教师同意，不得在实验室上网、私自拷贝教师课件和动用实验室任何物品、设备、药品等；学生上实验课时，严禁动用除当次实验教学需要以外的任何物品及设备。

（7）保持实验室内地面、台面、桌面及设备表面的整洁卫生，严禁随手乱涂、乱画、乱扔废物及纸屑；每次实验结束后，值日生负责打扫、清洗，将垃圾倒入垃圾箱。

（8）实验室内严禁吸烟，严禁电炉、火柴、蜡烛等明火与醇、苯、汽油、煤气等易燃易爆物品接触，严禁用电炉、酒精炉（灯）取暖，严防火灾。

（9）使用酸、碱、乙醚、氰化物、砷化物等有毒致伤性化学物品时，应严格遵守实验操作规程及有关安全管理规定，违反者必须对一切后果负责。

（10）严格按实验操作规范操作，违反操作规程等造成仪器设备损坏或丢失时，当事人均应赔偿。

（11）违反本规则的教师和学生，管理人员有权向学院或实验教学中心投诉；同时，教师和学生也有权向学院或实验教学中心投诉违反本规则的管理人员。学院或实验教学中心查明情况后，根据违规的情节轻重给予相应的处罚或处分。

1.2　植物生理学实验中常用仪器使用方法简介

1.2.1　移液管的使用

（1）检查移液管的管口和尖嘴有无破损，若有破损则不能使用。

（2）洗净移液管　用自来水淋洗后，用铬酸洗液浸泡，操作方法如下：用右手拿移液管上端合适位置，食指靠近管上口，中指和无名指张开，握住移液管外侧，拇指在中指和无名指中间位置握在移液管内侧，小指自然放松；左手拿洗耳球，持握拳式，将洗耳球握在掌中，尖口向下，握紧洗耳球，排出球内空气，将洗耳球尖口插入或紧接在移液管上口，注意不能漏气。慢慢松开左手手指，将洗涤液慢慢吸入管内，直至刻度线以上部分，移开洗耳球，迅速用右手食指堵住移液管上口，等待片刻后，将洗涤液放回原瓶。并用自来水冲洗至移液管内、外壁不挂水珠，再用蒸馏水洗涤 3 次，控干水备用。

（3）吸取溶液　摇匀待吸溶液，将待吸溶液倒一小部分于一洗净并干燥的小烧杯中，用滤纸将清洗过的移液管尖端内外的水分吸干，并插入小烧杯中吸取溶液，当吸至移液管容量的 1/3 时，立即用右手食指按住管口，取出，横持并转动移液管，使溶液流遍全管内壁，将溶液从下端尖口处排入废液杯内。如此操作，润洗 3～4 次后即可吸取溶液。

将用待吸液润洗过的移液管插入待吸液液面下 1～2 cm 处，用洗耳球按上述操作方法吸取溶液（注意移液管插入溶液不能太深，并要边吸边往下插入，始终保持此深度）。当管内液面上升至标线以上 1～2 cm 处时，迅速用右手食指堵住管口（此时若溶液下落至标线以下，应重新吸取），将移液管提出待吸液液面，并使管尖端接触待吸液容器内壁，片刻后提起，用滤纸擦干移液管下端黏附的少量溶液。（在移动移液管时，应将移液管保持垂直，不能倾斜。）

（4）调节液面　左手另取一干净小烧杯，将移液管管尖紧靠小烧杯内壁，小烧杯保持倾斜，使移液管保持垂直，刻度线和视线保持水平（左手不能接触移液管）。稍稍松开食指（可微微转动移液管），使管内溶液慢慢从下口流出，液面将至刻度线时，按紧右手食指，停顿片刻，再按上法将溶液的弯月面底线放至与标线上缘相切为止，立即用食指压紧管口。将尖口处紧靠烧杯内壁，向烧杯口移动少许，去掉尖口处的液滴。将移液管小心移至承接溶液的容器中。

（5）放出溶液　将移液管直立，接受器倾斜，管下端紧靠接受器内壁，放开食指，让溶液沿接受器内壁流下，管内溶液流完后，保持放液状态停留 15 s，将移液管尖端在接受器靠点处靠壁前后小距离滑动几下（或将移液管尖端靠接受器内壁旋转一周），移走移液管（残留在管尖内壁处的少量溶液，不可用外力强使其流出，因校准移液管时，已考虑了尖端内壁处保留溶液的体积。除在管身上标有"吹"字的，可用洗耳球吹出外,其余的不允许吹出)。

(6)洗净移液管,放置在移液管架上。

吸量管的使用方法与移液管相似。

1.2.2 滴定管的使用

1. 酸式滴定管的使用

(1)涂凡士林 在使用一支新的或较长时间不使用的和使用了较长时间的酸式滴定管时,常会因玻璃活塞闭合不好或转动不灵活,实验中出现漏液和操作困难等问题。因此,必须涂抹凡士林,具体方法如下:将滴定管放在平台上,取下活塞,用滤纸片擦干活塞、活塞孔和活塞槽。用手指在活塞两端沿圆周各涂上一层薄薄的凡士林,然后将活塞直插入活塞槽中,向同一方向转动活塞,直至活塞和活塞槽内的凡士林全部透明为止。此时,在活塞孔内应无凡士林(若有,说明凡士林涂得太多;若转动不灵活,说明凡士林涂得太少),并剪一小乳胶圈套在活塞尾部的凹槽内,防止活塞掉落损坏。

(2)试漏 检查活塞处是否漏水,方法是:将活塞关闭,充满水至一定刻度,擦干滴定管外壁,把滴定管直立夹在滴定管架上静置 10 min,观察液面是否下降,滴定管下管口是否有液珠,活塞两端缝隙中是否渗水(用干的滤纸在活塞槽两端贴紧活塞擦拭并察看滤纸是否潮湿,若潮湿,说明渗水)。若不漏水,将活塞转动 180°,静置 2 min,按前述方法察看是否漏水,若不漏水且活塞转动灵活,说明涂油成功。否则,应再擦干活塞,重新操作,直至不漏水为止。

(3)洗涤 酸式滴定管的外侧可用洗衣粉或洗洁精涮洗,管内无明显油污或不太脏的滴定管可直接用自来水冲洗,或用洗涤剂泡洗,但不可用去污粉刷洗,以免划伤内壁,影响体积的准确测量。若有油污不易洗净,可用铬酸洗液洗涤。洗涤时将酸式滴定管内的水尽量除去,关闭活塞,倒入 10~15 mL 洗液于滴定管中,两手横持滴定管,边转动边向管口倾斜,直至洗液布满全管内壁为止,立起后打开活塞,将洗液放回原瓶中。如果滴定管油垢较严重,将铬酸洗液充满滴定管,浸泡十几分钟或更长时间,甚至用温热洗液浸泡一段时间。放出洗液后,先用自来水冲洗,再用蒸馏水淋洗3~4 次,洗净的滴定管其内壁应完全被水润湿而不挂水珠。倒尽水并将滴定管倒置夹在滴定台上。

(4)装溶液和赶气泡 准备好滴定管后即可装入标准滴定溶液。装标准滴定溶液之前应将试剂瓶中的标准滴定溶液摇匀,使凝结在试剂瓶内壁的水珠混入溶液,为了除去滴定管内残留的水分,确保标准滴定溶液的浓度不变,应先用此标准滴定溶液淋洗滴定管内壁 3 次以上,每次用约 10 mL 标准滴定溶液,从下口放出少量(约 1/3)以洗涤尖嘴部分,然后关闭活塞横持滴定管并慢慢转动,使溶液与管壁处处接触,将溶液从管口倒出弃去,但不要打开活塞,以防活塞上的油脂冲入管内。尽量将管内溶液倒完后再进行下次洗涤,方法相同,但润洗液要从管尖处放出(不能从管口放出),

如此洗涤 3 次后,即可装入标准滴定溶液。

(5) 调零　加入标准滴定溶液至"0"刻度线以上,然后转动(打开)活塞使溶液迅速冲出,排出下端存留的气泡,再调节液面至"0"刻度线稍上方(如溶液不足,可以补充),夹在滴定台上静置约 1 min,再调至"0"刻度线处,读数时,手持在"0"刻度线以上部位,保持滴定管竖直,"0"刻度线和视线保持水平,慢慢转动活塞,放出溶液,使弯月面下缘刚好和"0"刻度线上缘相切。调好零点后,将滴定管夹在滴定台上备用。

(6) 滴定　滴定一般在锥形瓶中进行,有时也可在烧杯中进行。滴定操作时左手握持滴定管的活塞,右手摇动锥形瓶,使用酸式滴定管操作时,左手的大拇指从滴定管内侧,放在活塞上中部,食指和中接指从滴定管外侧,放在活塞下面两端,手腕向外略弯曲(以防手心碰到活塞尾部而使活塞松动漏液),以控制活塞。滴定时转动活塞,控制溶液的流出速度,要求能熟练做到:①逐滴放出溶液;②只放出一滴溶液;③使溶液成悬而未滴的状态,即滴加半滴溶液。

滴定前,观察液面是否在"0"刻度线,若滴定管内的液面不在"0"刻度线,则记下该读数(为滴定管初读数),若在"0"刻度线,也做记录,最好能调在"0"刻度线,这样可提高读数的准确性。用干燥、洁净的小烧杯的内壁碰一下悬在滴定管尖端的液滴(此操作一定要进行,管尖外的液滴是滴定管有效体积之外的,否则将产生误差)。

滴定时,应使滴定管管尖部分插入锥形瓶口(或烧杯口)下 1～2 cm 处,滴定速度不能太快,以每秒 3～4 滴为宜,或呈不连续液滴状落下,但不能呈连续直线状下落。边滴边摇动锥形瓶(滴入烧杯中时应用玻璃棒搅拌),摇动锥形瓶时应按同一方向旋转摇动(不可左右或前后振动,否则溶液会溅出);锥形瓶口应尽量不动,防止碰坏滴定管。在滴定时,标准滴定溶液应直接落入锥形瓶或烧杯中的溶液中,不可沿锥形瓶壁往下流动,否则会附着在瓶壁上没有及时和试液发生反应,而使滴定过量。临近终点时,应逐滴加入,然后半滴加入,将溶液悬挂在滴定管尖端,用锥形瓶的内壁靠下,用少量蒸馏水冲下(建议:不要过多地用蒸馏水进行冲洗,以防水中的杂质影响实验结果),然后摇动锥形瓶,观察终点是否已到(为便于观察,可在锥形瓶下放一块白瓷板),如终点未到,继续靠加半滴标准滴定溶液,直至终点到达。

(7) 读数　由于水溶液的表面张力的作用,滴定管中的液面呈弯月形,无色水溶液的弯月面比较清晰,有色溶液的弯月面清晰程度较差,因此,两种情况的读数方法稍有不同。

为了正确读数,应遵守下列规则:①注入溶液或放出溶液后,需等待 30 s～1 min后才能读数(使附着在内壁上的溶液流下);②应用拇指和食指拿住滴定管的上端(液面上方适当位置)使滴定管保持竖直后读数;③对于无色溶液或浅色溶液,应读取弯月面下缘实线的最低点,读数时视线应与弯月面下缘实线的最低点相切,即视线与弯月面下缘实线的最低点在同一水平面上,初读数和终读数应用同一标准,颜色较深的有色溶液则读上线;④有一种蓝线衬背的滴定管,它的读数方法与上述不同,无色溶液有两个弯月面相交于滴定管蓝线的某一点,读数时视线应与此点在同一水平面上,对有色溶液读数方法与上述普通滴定管相同;⑤滴定时,最好每次都从"0"刻度线开始,这样可减少测量误差,读数必须准确到 0.01 mL;⑥为了协助读数,可采用读数卡,这种方法有利于初学者练习读数,读数卡可用黑纸(涂有黑长方形(约 3 cm×1.5 cm)的白纸制成),读数时,将读数卡放在滴定管背后,使黑色部分在弯月面下约 1 mm 处,此时即可看到弯月面的反射层成为黑色,然后读此黑色弯月面下缘的最低点。

　　2. 碱式滴定管的使用

　　(1) 准备　选择一直径合适、圆滑的玻璃珠,置于长度适中、管内径合适的乳胶管中,连接管尖和管身。

　　(2) 试漏　装蒸馏水至一定刻度线,擦干滴定管外壁,吸去管尖处的液滴。把滴定管直立夹在滴定管架上,静置 5 min,观察液面是否下降,滴定管下管口是否有液珠,若漏水,则应调换乳胶管中的玻璃珠,选择一个大小合适且比较圆滑的配上再试。玻璃珠太小或不圆滑都可能漏水,太大则操作不方便。

　　(3) 洗涤　同酸式滴定管,但要注意,铬酸洗液不能直接接触乳胶管,否则乳胶管容易变硬损坏。可将乳胶管连同尖嘴部分一起拔下,滴定管下端套上一个滴瓶胶帽,然后装入洗液洗涤;也可将碱式滴定管的尖嘴部分取下,乳胶管还留在滴定管上,将滴定管倒立于装有洗液的器皿中,固定在滴定管架上,连接到水压真空泵上,打开水龙头,轻捏玻璃珠,待洗液徐徐上升至接近乳胶管处即停止,让洗液浸泡一段时间后,拆开抽气管,将洗液放回原瓶中,用自来水冲洗滴定管,再用蒸馏水淋洗 3~4 次,擦干水倒置夹在滴定台上备用。

　　(4) 装溶液和赶气泡　装溶液方法同酸式滴定管,赶气泡方法和酸式滴定管不同,碱式滴定管的赶气泡方法是将乳胶管向上弯曲,管尖要高于玻璃珠一定位置,玻璃珠下方的乳胶管应圆滑,必要时可倾斜滴定管,用力捏挤玻璃珠侧上方乳胶管,使溶液从尖嘴喷出,以排出气泡。碱式滴定管中的气泡一般藏在玻璃珠附近,必须对光检查乳胶管内气泡是否完全赶尽。

　　(5) 调零　赶尽气泡后再调节液面至"0"刻度线稍上方处,夹在滴台上静置约 1 min(若溶液不足可补加),再调整液面至刚好在"0"刻度线处,记下初读数。

　　装标准溶液时应从容器内直接将标准溶液倒入滴定管中,不能用小烧杯或漏斗等其他容器中转,以免浓度改变。

　　(6) 滴定　使用碱式滴定管进行滴定操作时,左手的拇指在前,食指在后,在乳胶管中玻璃珠的一侧(建议在外侧)中间稍偏上处捏挤,使乳胶管与玻璃珠之间形成一条缝隙,溶液即可流出。但注意不能捏挤玻璃珠下方的乳胶管,否则松开手指后,有空气从管尖进入形成气泡,导致误差。通过改变捏挤的缝隙大小,来控制滴定速度。其他要求同酸式滴定管。

　　(7) 读数　同酸式滴定管。

1.2.3　微量加样器的使用

1. 设定容量值

加样器容量计读数由三到四位数字组成（显示所转移液体容量），读数精确到小数点后一位，从上（最大有效数字）到下（最小有效数字）读取。利用底部刻度可将容量调节到更精确的分度。转动加样器的调节环设定所需容量。

2. 吸液

首先选择一支合适的吸头安放在加样器套筒上，稍加扭转压紧吸头使之与套筒间无空气间隙。未装吸头的加样器绝不可用来吸取任何液体。

标准吸液步骤如下：

（1）把按钮压至第一停点。

（2）垂直握持加样器，使吸头浸入液体中，浸入液体深度视型号而定。

（3）缓慢、平稳地松开按钮，吸液体。等 1 s，然后将吸头提离液面。用吸纸抹去吸嘴外面可能附着的液滴。注意勿触及吸头口。

3. 放液

（1）将吸头口贴到容器内壁并保持 10°～40°倾斜。

（2）平稳地把按钮压到第一停点。等 1 s 后再把按钮压至第二停点以排出剩余液体。

（3）压住按钮，同时提起加样器，使吸头贴容器壁擦过。

（4）松开按钮。

（5）按吸头弹射器除去吸头（只有改用不同液体时才需更换吸头）。

4. 预洗

当装上一个新吸头（或改变吸取的容量值）时应预洗吸头，方法是先吸入一次液体并将之排回原容器中。

预洗新吸头能有效提高移液的精确度和重现性。这是因为第一次吸取的液体会在吸头内壁形成液膜，导致计量误差。而同一吸头在连续操作时液膜相对保持不变，故第二次吸液时误差即可消除。

5. 致密及黏稠液体的吸取

对于密度低于水的液体，可将容量计的读数调到低于所需值来进行补偿。

排放致密或黏稠液体时，宜在第一停点多等 1～2 s 再压到第二停点。

对密度高、黏稠度大或挥发性的液体，推荐使用活塞正移动加样器或吸液时把按钮压至第二停点，放液时压到第一停点。

6. 加样器吸头

加样器吸头是整个移液系统的重要组成部分，对其基本要求是，有高机械稳定性、热力学和化学稳定性，且纯度高，生产过程纯净，无有机或化学物质（如染料）和重金属污染。选择环口密封良好、壁薄和嘴口尖细的吸头，将使得在加样时，吸头的安装或卸脱更加容易。吸头管壁有弹性,加样吸液时不会产生旋涡,这样加样的精度就更高。吸头嘴口无毛刺,表面光洁平滑,可避免液体滞留外壁引起误差。吸头应与加样器上吸头套筒密封完好,可防止由于空气泄漏而造成加样误差。此外,吸头还应有液体容积刻度线。最后,吸头应可在 121 ℃下消毒 20 min。

如果在使用加样器加样中,想绝对避免样品与样品、样品与加样器或样品与操作人员之间的污染,建议使用 Diamond 带滤芯吸头。Diamond 带滤芯吸头可以经高温消毒,其内置滤芯不会损坏。

7. 注意事项

实验室基本上以使用连续可调式加样器为主。在使用连续可调式加样器时应注意以下几点,以使加样器发挥最佳性能。

(1) 取液之前,所取液体应在室温(15～25 ℃)平衡。

(2) 操作时要慢和稳。

(3) 在取样加样过程中应注意移液吸头不能触及其他物品,以免被污染;移液吸头盒(架子)、废液瓶、所取试剂及加样的样品管应摆放合理,以方便操作、避免污染为原则。

(4) 连续可调式加样器在使用完毕后应置于加样器架上,远离潮湿及腐蚀性物质。

(5) 吸头浸入液体深度要合适,吸液过程中尽量保持不变。

(6) 改吸不同液体、样品或试剂前要换新吸头。

(7) 发现吸头内有残液时必须更换。

(8) 新吸头使用前应先预测。

(9) 为防止液体进入加样器套筒内,必须注意以下几点。

①压放按钮时保持平稳;②加样器不得倒转;③吸头中有液体时不可将加样器平放;④P5000 及 P10ML 加样器一定要加滤芯。

(10) 勿用油脂等润滑活塞或密封圈。

(11) 不可把容量计数调超其适用范围。

(12) 液体温度与室温有异时,应将吸头预洗多次再用。

(13) 移液温度不得超过 70 ℃。

(14) 移取了酸或有腐蚀蒸气的溶液后,最好拆下套筒,用蒸馏水清洗活塞及密封圈。

8. 故障排除

工作中如发现加样器漏气或计量不准,其可能原因及解决方法如下。

(1) 套筒螺帽松动:用手拧紧螺帽。

(2) 套筒刮花或破裂:卸下弹射器,检查套筒。P2、P10 或 P20 加样器套筒破损时,活塞也可能变形。安装套筒时应用手拧紧螺帽。

(3) 活塞或密封圈受化学腐蚀:更换活塞和密封圈。用蒸馏水洗涤套筒内壁。

发现套筒内有液体,可依下法清洁:卸下弹射器,拧下螺帽并用蒸馏水洗涤套筒、活塞、密封圈及 O 形环,待完全干燥后重新组装。如发现 P5000 及 P10ML 滤芯变湿必须更换。需要时,可将套筒、螺帽和弹射器在 121 ℃消毒 20 min。注意密封圈及 O 形环不能高温消毒。

(4) 发现吸液时有气泡:①将液体排回原容器;②检查吸头浸入液体深度是否合适;③更慢地吸入液体,如仍有气泡应更换吸头。

凡是更换了活塞或操作杆的加样器需进行全面调校。

1.2.4　828 酸度计的使用

Orion 828 型 pH 测定仪是基于微处理器的耐久易用测试仪,将其与复合 pH 电极联合电极联合使用,是可靠的基本 pH 测量系统。此系统对有多个使用者的繁忙实验室或工厂环境最为理想。自动标定、自动温度补偿和诊断性辅助操作代码等先进的功能使 pH 值的测量简单易行。

1. 仪器使用

(1) 接通电源　通过电源应接器将测试仪插入合格的墙壁插座。整个显示屏(所有的信号)将显示 2 s。一旦完成所有电源接通步骤,测试仪便自动进入测试方式。

(2) 仪器检查步骤(建议在仪器第一次使用前或当仪器出现故障时进行此项检查步骤,本步骤用来核实测试仪器运作是否正常)如下。

①将短路盖连接到电极输入孔;②将线应接器牢固地插入测试仪线应接器的输入孔内,然后连接到适当的墙壁插座,快速按下确定键(按住 3 s)以启动自检;③当"0"出现在显示屏下部时,按每个键一次,每次按键都有一个数字显示出来;④当自检完毕后,测试仪将自动进入测量方式;⑤如果在自检过程中发现问题,按辅助操作代码进行(具体参阅说明书)。

(3) 设置方式　按设置键直到设置指示灯亮以选择设置方式,这个方式用于设定、更改或查看测试仪的操作参数(改变参数需按确定键才有效)。当处于设置方式时,确定键用于上下滚动菜单而不改变参数,或用于将新参数输入测试仪的存储器。滚动键用于改变每个功能的设置。可随时按设置键以退出设置方式。

以下参数可在设置方式下获得:①斜率:电极存储器中的斜率将被显示出来。在 pH 方式下,该数值是以理论斜率的百分比来显示的,仪器的自动设置值为 100%,在 ISE 方式下,该数值是以 mV/10 倍浓度来显示的,仪器的自动设置值为 59.2 mV/10 倍浓度,此功能仅为显示之用,此数值在设置菜单内不能改变,如果要改变斜率值,必须进行至少一次两点标定,或在一点 pH 标定时设置斜率。按确定键继续下面的菜单功能。②人工缓冲溶液选择:当输入人工缓冲溶液选择后,显示屏上出现 STD"57 d"或 SET"5SE7",按滚动键可改变数值。当显示所希望的设置时,按确定键。如果选择了 STD,标定只能在标准缓冲溶液(pH 4.0、6.86、9.18)内进行。如果选择了

SET,标定可在用户选择的缓冲溶液内进行,pH 值可在 0～14 范围内。缓冲溶液 pH 值的差必须在 4 个 pH 单位之内。③打印功能:将显示当前打印功能。"Prt"将显示在显示屏的上部,仪器的自动设置为"Manual Print"(人工打印),"00",如果要变换"Print On Ready"(测量就绪后打印),可按"滚动"键,"01"将显示出来,当显示出所希望的设置时,按确定键。

　　2. pH 值的标定与测量

　　(1) 双缓冲溶液自动标定:①将 pH 电极与测试仪连接;②选择包括预期试样范围的 pH 4.0 和 6.86,或 pH 6.86 和 9.18 缓冲溶液;③按"标定"键以开始标定过程,CAL 将显示 2 s。按确定键接受先前的标定范围(pH 7～4 或 7～9)或使用滚动键选择其中之一,按确定键接受选择,将显示 pH 7 缓冲溶液信号,用去离子水冲洗电极并将电极放入 pH6.86 缓冲溶液,在标定过程继续时,读数将在屏幕上显示并得到更新,"READY"灯点亮时表示电极已稳定,按确定键接受缓冲溶液数值;④显示 pH4 (或 9)缓冲溶液信号,将电极从 pH 7 的缓冲溶液中取出,用去离子水冲洗,并将电极放入 pH4.0 或 9.18 的缓冲溶液中(根据选定的标定范围),"READY"灯亮时,按确定键接受缓冲溶液数值;⑤当显示计算所得斜率时,屏上显示 SLP,如测试仪连有打印机,标定将被打印出来,然后测试仪进入测量方式;⑥用去离子水冲洗电极并将电极放入试样,当"READY"灯亮时,直接从测试仪主屏幕上记录下 pH 值,并从屏幕的上部记录温度值,如果使用 ATC 探头或人工温度补偿,则显示经温度校正后的 pH 值,表示电极已稳定,按确定键接受缓冲溶液数值。

　　(2) 人工标定:①将电极与测试仪连接;②按设置键。按确定键,将显示 SET 或 STD,选择 SET 并按确定键;③P1 将显示在屏幕顶部。用滚动键设定第一缓冲溶液选定值并按确定键以接受新值;④对第二个缓冲溶液(P2)重复以上步骤;⑤按"方式"键返回测量方式,按"标定"键,CAL 将显示 2 min,先前的标定缓冲溶液范围将被显示,用滚动键选择 SET,按确定键接受此标定,显示 P1,将电极放入第一标定缓冲溶液内,"READY"灯亮表示电极已稳定,将显示用户选定的缓冲溶液数值,按确定键接受,显示 P2,对第二标定缓冲溶液重复以上步骤;⑥"READY"灯亮表示电极已稳定,按确定键接受,计算所得斜率时,屏的上部显示 SLP。如测试仪连有打印机,将打印出标定数据;⑦如果使用 ATC 探头或人工温度补偿,则显示经温度校正后的 pH 值;⑧用去离子水冲洗电极并将电极放入试样,当"READY"灯亮时,直接从测试仪主屏幕上记录下 pH 值,并从屏幕的上部记录温度值,如果使用 ATC 探头或人工温度补偿,则显示经温度校正后的 pH 值。

1.2.5　Delta326 型电导率仪的使用

　　Delta326 型电导率仪是智能型的实验室常规分析仪器,适用于实验室精确测量水溶液的电导率及温度、总溶解固体量(TDS)及温度,也可用于测量纯水的纯度与温度。

1. 安装

（1）将电导电极支架安装在电导仪上：电极支架可安装在左端或右端，用随机提供的螺丝刀移去相应的保护帽，将电极支架底座推入凹处并拧紧，重新盖上保护帽；将电极支架固定在柱杆上，并旋紧螺丝。

（2）输入输出连接：将电导传感器与 SENSOR 插座相连；将电源插头与 DC 插座相连。

2. 校正

（1）开机　按一下开机按钮。

（2）第一点校正　悬空放置电导探头，按一下"校正"键，当校正完成后，屏幕锁定。

（3）第二点校正　第一点校正完成后，将电导探头插入校准溶液，再按一下"校正"键，自动完成第二点校正。

（4）冲洗传感器并擦干电极。

（5）在校正测量时小数点闪烁，当屏幕锁定后，按"读数"键进入测量状态。

3. 样品测试

（1）模式选择　按下"模式"键 2 s，选择电导或 TDS 模式。

（2）自动终点确定[A]或固定读数　若使用自动确定终点[A]，模式选择完成后，仪器立即开始测试，只要将电导探头插入被测样品中，读数稳定后即可，不必再按"读数"键来进行读数。

（3）手动终点确定　若使用手动终点确定，模式选择完成后，将电导探头插入被测样品中，按"读数"键来进行读数并且记录或按"存储"键存储读数（最多可存储 10 个数，分别记为 M1～M10），需要时再按"显示"键显示结果。

（4）冲洗电极：测试完成后，用蒸馏水冲洗并擦干电极。

4. 注意事项

（1）测试时，确保溶液的液面不低于电极套筒上的刻度线。

（2）测试时，确保电极腔体内不含气泡。

（3）测量间隙或使用后用蒸馏水冲洗电极并擦干。

（4）勿使用过期的标准溶液。

（5）为确保高精度，标准溶液和样品溶液应处于同一温度。

（6）为确保高精度，应使用接近样品值的标准溶液进行校准。

1.2.6　电子天平的使用

电子天平是最新一代的天平，是根据电磁力平衡原理直接进行称量，全量程不需砝码。放上称量物后，在几秒钟内即达到平衡，显示读数，称量速度快，精度高。电子天平的支承点用弹性簧片取代机械天平的玛瑙刀口，用差动变压器取代升降枢装置，用数字显示代替指针刻度式显示。因而，电子天平具有使用寿命长、性能稳定、操作简便和灵敏度高的特点。此外,电子天平还具有自动校正、自动去皮、超载指示、故障报警等功能以及质量电信号输出功能,且可与打印机、计算机联用,进一步扩展其功能,如统计称量的最大值、最小值、平均值及标准偏差等。由于电子天平具有机械天平无法比拟的优点,尽管其价格较贵,仍会越来越广泛地应用于各个领域并逐步取代机械天平。

电子天平按结构可分为上皿式和下皿式两种。称盘在支架上面的为上皿式,称盘吊挂在支架下面的为下皿式。目前,广泛使用的是上皿式电子天平。尽管电子天平种类繁多,但其使用方法大同小异,具体操作可参看各仪器的使用说明书。下面以上海天平仪器厂生产的 FA1604 型电子天平为例,简要介绍电子天平的使用方法。

(1) 水平调节 观察水平仪,如水平仪水泡偏移,需调整水平调节脚,使水泡位于水平仪中心。

(2) 预热 接通电源,预热至规定时间后,开启显示器进行操作。

(3) 开启显示器 轻按"ON"键,显示器全亮,约 2 s 后,显示天平的型号,然后是称量模式"0.0000 g"。读数时应关上天平门。

(4) 天平基本模式的选定 天平一般为"通常情况"模式,并具有断电记忆功能。使用时若改为其他模式,使用后一经按"OFF"键,天平即恢复"通常情况"模式。称量单位的设置等可按说明书进行操作。

(5) 校准 天平安装后,第一次使用前,应对天平进行校准。因存放时间较长、位置移动、环境变化或未获得精确测量,天平在使用前都应进行校准操作。本天平采用外校准(有的电子天平具有内校准功能),由"TAR"键清零及"CAL"键、100 g 校准砝码完成。

(6) 称量 按"TAR"键,显示为零后,置称量物于称盘上,待数字稳定即显示器左下角的"0"标志消失后,即可读出称量物的质量值。

(7) 去皮称量 按"TAR"键清零,置容器于称盘上,天平显示容器质量,再按"TAR"键,显示零,即去除皮重。再置称量物于容器中,或将称量物(粉末状物或液体)逐步加入容器中直至所需质量,待显示器左下角"0"消失,这时显示的是称量物的净质量。将称盘上所有物品拿开后,天平显示负值,按"TAR"键,天平显示"0.0000 g"。当称量过程中称盘上的总质量超过最大载荷(FA1604 型电子天平为 160 g)时,天平仅显示上部线段,此时应立即减小载荷。

(8) 称量结束后,若较短时间内仍需使用天平(或其他人还使用天平),则不用按"OFF"键关闭显示器。实验全部结束后,关闭显示器,切断电源,若短时间内(例如 2 h 内)仍需使用天平,可不必切断电源,再用时可省去预热时间。若当天不再使用天平,应拔下电源插头。

1.2.7　GL-20B 高速离心机的使用

1. 测定原理

将装有等量试液的离心管对称放置在转头四周的孔内,启动机器后,电动机带动转头高速运转所产生的相对离心力(RCF)使试液分离,相对离心力的大小取决于试样所处的位置至轴心的水平距离即旋转半径 r 和转速 n,其计算公式如下:

$$RCF = 1.118 \times 10^{-5} \times n^2 \times r(g)$$

式中:n 为转速(r/min);

　　r 为旋转半径(cm)。

2. 操作程序

(1) 插上电源,打开电源开关(按"T"键)。

(2) 设定机器的工作参数,如运转时间、工作转速等。

① 工作温度的设定:按"T"键打开压缩机电源开关;按功能键(虚框)一次,离心机上限工作温度指示灯亮,用"▼""▲""◀"键调节所需的上限温度;再按功能键(虚框)一次,离心机下限工作温度指示灯亮,用"▼""▲""◀"键调节所需的下限温度。

② 运转时间的设置:按功能键一次,数码管显示"CD00",把"CD00"用"▼""▲""◀"键调至"CD59",此时再按一次功能键,即显示当前设置的时间,用"▼""▲""◀"键设置所需的运转时间,设置完毕,按记忆键(确定键,折叠框)一次,将设定值存储。设置时间时,数码管显示 0.20 则表示运转时间为 20 min,显示 0.40 则表示运转时间为 40 min,显示 1.20 则表示运转时间为 1.2 h,其余以此类推。设定运转时间时,必须把加速时间、减速时间计算在内。

③ 工作转速的设置:用"▼""▲""◀"键选择转速设定功能码"CD47",然后参照运转时间的设定方法设定仪器的运转速度。设定转速时,数码管显示的数值是频率,转速和频率的对应关系为:转速(r/min)=频率(Hz)×60。

(3) 按控制面板上的"运转"键(带尖头的圆),"啪"的一声电子锁锁住,离心机开始运转。在预先设定的加速时间内,其转速升至预先设定的值。

(4) 在预先设定的时间内(不包括加速时间),离心机开始减速,其转速在预先设定的减速时间内降至零。

(5) 按控制面板上的"停止"键(单向尖头),数码管显示"dcdT",数秒后"啪"的一声电子锁打开,即显示闪烁的转速值,这时仪器已准备好下一次工作。

3. 注意事项

(1) 除运转时间和运转速度外,不要随意更改仪器的工作参数,以免影响仪器性能。

(2) 使用前应检查转子是否有伤痕、腐蚀等现象,同时应对离心杯做裂纹、老化等方面的检查,发现疑问时应立即停止使用,并报告实验室管理人员。

(3) 开机运转前请务必拧紧转头的压紧螺帽,以免高速旋转的转头飞出造成事故。

（4）转速设定不得超过最高转速，以确保仪器安全运转；选用不同型号的转头须根据其对应的极限转速设置工作转速。

（5）使用中，如出现 0.00 或其他数字，仪器不运转，应关机断电，10 s 后重新开机，待所设转速显示后，再按运转键，仪器将照常运转。

（6）如需分离样品的密度超过 1.2 g/mL，最高转速 N 必须按下式修正：

$$N = N_{max} \times \frac{1.2 \text{ g/mL}}{\text{样品密度}} \times \frac{1}{2}$$

式中：N_{max} 为转子极限转速。

（7）不得在仪器运转过程中或转子未停稳的情况下打开盖门，以免发生事故。

（8）离心杯必须等量灌注样品并在天平上平衡，切不可使转头在不平衡的状况下运行。

（9）离心机一次运行最好不要超过 60 min。

（10）离心机必须可靠接地；仪器不使用时，请拔掉电源插头。

1.2.8　UV-2000 型紫外可见分光光度计的使用

1. 测定原理

利用物质对不同波长光的选择性吸收现象对物质进行定性和定量分析，通过对吸收光谱分析，判断物质的内部结构及化学组成。选定某一溶剂（蒸馏水、空气或试样）作为参比溶液，并设定它的透射率（T）为 100%，而被测试样的透射率是相对于该参比溶液而得到的。透射率的变化和被测物质的浓度有一定函数关系，在一定范围内，它符合朗伯-比尔（Lambert-Beer）定律，即 $A = kCL$，A 为吸光度，k 为溶液的吸光系数，C 为溶液浓度，L 为液层在光路中的厚度。

2. 操作步骤及使用方法

（1）开机前，先确认仪器样品室内是否有东西挡在光路上。光路上有东西将影响仪器自检甚至造成仪器故障。

（2）打开电源开关，使仪器预热 20 min；仪器接通电源后，即进入自检状态，自检结束后自动停在 546 nm 波长处，测量的方式自动设定在透射比方式（%T），并自动调 100%T 和 0%T。

（3）透射比参数测定样品时（透射比方式）：①按"方式"（MODE）键将测试方式设置为透射比方式：显示器显示"×××nm，×××.×%T"。②按"波长设置"键（▼▲）设置分析波长，如 340 nm；按"波长设置"键（▼▲）直到显示器显示 340 nm 为止。此时显示器显示"340 nm，×××.×%T"。每当波长被重新设置后，不要忘记调整 100.0%T。③将参比溶液和被测溶液分别倒入比色皿中；比色皿内的溶液液面高度不应低于 25 mm，体积大约为 2.5 mL，被测试的样品中不能有气泡和漂浮物，否则会影响测试参数的精确度。④打开样品室盖，将盛有溶液的比色皿分别放入比色皿槽中,盖上样品室盖。被测样品的测试波长在 340～1000 nm 范围内时,建议使用玻璃比色皿,波长在 190～340 nm 范围内时,建议使用石英比色皿,仪器所附比色皿的透射率已经过测试和匹配,未经匹配处理的比色皿将影响样品的测试精度。比色皿的透光部分表面不能有指印、溶液痕迹。否则,将影响样品的测试精度。⑤将参比溶液推入光路中,按"100%T"键调整 100%T,仪器在自动调整 100%T 的过程中,显示器显示"340 nmBlank...",100.0%T 调整完成后,显示器显示"340 nm,100.0%T"。⑥将被测溶液推或拉入光路中,此时,显示器上所显示是被测样品的透射比参数。注意:测定时要将比色皿的光面对准光路。

(4) 吸光度参数测定样品时(吸光度方式):①按"方式"(MODE)键将测试方式设置为吸光度方式:显示器显示"×××nm,×.×××Abs"。②按"波长设置"键(▼▲)设置分析波长,如 340 nm;按"波长设置"键(▼▲)直到显示器显示 340 nm 为止,此时显示器显示"340 nm,×.×××Abs",每当波长被重新设置后,不要忘记调整 0Abs。③将参比溶液和被测溶液分别倒入比色皿中;比色皿内的溶液液面高度不应低于 25 mm,体积大约为 2.5 mL,被测试的样品中不能有气泡和漂浮物,否则,会影响测试参数的精确度。④将参比溶液推入光路中,按"100%T"键调整 0Abs,仪器在自动调整 100%T 的过程中,显示器显示"340 nmBlank...",100.0%T 调整完成后,显示器显示"340 nm,0.000Abs"。⑤将被测溶液推或拉入光路中,此时,显示器上所显示的是被测样品的吸光度参数。

(5) 浓度值参数测定样品时(浓度直读方式):

① 已知标准样品浓度值:a. 按"方式"(MODE)键将测试方式设置为浓度直读方式:显示器显示"×××nm××××C"。b. 按"波长设置"键(▼▲)设置分析波长,如 340 nm;按"波长设置"键(▼▲)直到显示器显示 340 nm 为止。此时显示器显示"340 nm×.×××C",每当波长被重新设置后,请不要忘记调整 0Abs。c. 将参比溶液和被测溶液分别倒入比色皿中;比色皿内的溶液液面高度不应低于 25 mm,体积大约为 2.5 mL,被测试的样品中不能有气泡和漂浮物,否则,会影响测试参数的精确度。d. 将参比溶液推入光路中,按"100%T"键调整 0Abs,仪器在自动调整 100%T 的过程中,显示器显示"340 nmBlank...",100.0%T 调整完成后,显示器显示"340 nm,0000C"。e. 按"功能"键,直至显示器上显示"STD/CONC=1000"。f. 按参数设置键(▼▲)直至显示器上显示的参数与标准样品的浓度值相等,如标准样品浓度值为 200,此时显示器显示"STD/CONC=0200"。g. 按确认键,此时显示器显示"STD/CONC=0200"。h. 将被测溶液推或拉入光路中,此时,显示器上所显示的是被测样品的浓度值。

② 已知标准样品 K 因子:a～e 步,如方法①。f. 按"功能"键,直至显示器上显示"STD/FACTOR=1000"。g. 按参数设置键(▼▲)直至显示器上显示的参数与标准样品的浓度值相等。如标准样品浓度值为 200,此时显示器显示"STD/FACTOR=0200"。h. 按确认键,此时显示器显示"STD/FACTOR=0200"。i. 将被测溶液推

或拉入光路中,此时,显示器上所显示的是被测样品的浓度值。

1.2.9　PSYPRO 露点水势测定仪的使用

PSYPRO 露点水势测定仪可以通过计算机软件或主机的键盘进行 2 种测量操作,下面介绍通过计算机和不在 PC 上利用软件的操作方法。

1. 与计算机连接

使用标准 RS-232 电缆进行 PSYPRO 与计算机的连接,电缆一端接 PSYPRO 面板上的 COM 口,另一端接计算机的 COM1(9 针)。

2. 软件的安装

(1) 插入安装软盘或光盘。

(2) 双击"SETUP. EXE"文件。

(3) 在出现的屏幕上点击"NEXT"。

(4) 安装完毕后,双击"PSYPRO"图标进入软件。

3. 连接传感器到 PSYPRO

PSYPRO 最多可同时连接 8 个传感器,在 PSYPRO 的面板上有 8 个传感器连接口,分别标有 1~8,连接传感器时要按标号从小到大的顺序连接,不可跳过中间的接口。

4. 启动 PSYPRO

在 PSYPRO 的面板上有一个开关杆,当杆拨到"ON"的位置时,电源开始供电,面板上的屏幕上显示"SCREEN♯1"。

5. 连接 PSYPRO 到计算机

(1) 在软件的主菜单中点击"tool",弹出一个菜单。

(2) 在弹出的菜单中点击"conact PSYPRO",出现一个新菜单。

(3) 点击"CONNECT"。

(4) 如果连接已成功建立,屏幕会回到主菜单,若没有连接成功,会弹出一个错误的消息,需要检查电缆连接是否正确。

6. 设置时间和日期

(1) 在软件的主菜单中点击"tool",弹出一个菜单。

(2) 在弹出的菜单中点击"set PSYPRO",出现一个新菜单。

(3) 点击"CONNECT",如果成功设置的话,计算机中设置的时间和日期会在屏幕上显示出来。

(4) 如果设置正确点击"OK",PSYPRO 就有了同计算机相同的时间、日期了。

7. 按默认值设定 PSYPRO 参数

(1) 在软件的主菜单中点击"FILE",弹出一个菜单。

(2) 在弹出的菜单中点击"SAVE PSYPRO SETTING",出现一个新菜单。

(3) 点击"TO PSYPRO",然后点击"OK","CONNECT PSYPRO"界面出现。

(4) 点击"CONNECT"。

(5) 连接结束后,设定值即被保存到 PSYPRO 系统中了,PSYPRO 系统开始按设定的值进行数据采集工作。

注意,上述过程也可以先修改设定后再传输给 PSYPRO。

8. 各项参数的设定

(1) Logging on/off　是否进行数据采集。参数设定后必须发送给 PSYPRO 才可生效。

(2) Log Results Only 与 Log Results Entire Psy Chrometric Curve(50pt. array)录数据的两种方式,前者只记录最终结果,后者除了最终结果外还记录测量过程值。

(3) Log Interval　连续两次测量的时间间隔。最小值为 5 min(建议值为 10 min)。

(4) Number of Psy　需要传感器的通道数,最多为 8 通道,按实际设定。

(5) Cooling Current　冷却时间。设定范围为 5~10 s。一般 -5~0 bar 的样品为 2~5 s;-25~-5 bar 的样品为 8~12 s;-25 bar 以下的样品为 15~60 s。

(6) Delay Seconds After Cooling　冷却结束和开始读数的时间间隔。范围最小为 0.1 s,最大范围为整个测量时间。一般为 3 s 或 4 s。

(7) Measurement Period Seconds　测量时间(范围为 5~250 s)。一般设定为 10~50 s,水势越大(越干),时间越长(一般为 50 s)。

(8) Read Average Seconds　读平均数的时间。一般为 3~5 s(大于或等于延迟时间),水势越大,时间越长。

(9) Correction Factor　校正时间。一般不必设定,默认值为 1。

9. 不在 PC 上利用软件的操作

(1) 开机　仪器显示的是第一个页面,可以调节日期和时间。

(2) 按"MOOD"键翻到第六个页面　测量参数的时间。cooling,冷却时间;plat,延迟时间;av,读平均值时间;scan,测量周期;p#,通道设定,一个探头为 1;correction,校准因子设定。

(3) 翻到第七个页面　测量间隔至少为 5 min;plat&50pt 存结果和点图,前者只存结果。

(4) 翻到第八个页面　放入样品室,10 min 后设定 logging 为 on,开始测量。

(5) 数据收集　定的参数值成功传输到 PSYPRO 后,PSYPRO 即开始按照设定的参数进行数据收集。

1.2.10　CB-1101 型光合、蒸腾作用测定系统的使用

1. 工作原理

许多由异原子组成的气体分子对红外线都有特异的吸收带。CO_2 的红外吸收带

有四处,其吸收峰分别在 2.69 μm、2.77 μm、4.26 μm 和 14.99 μm 处,其中只有4.26 μm 的吸收带不与 H_2O 的吸收带重叠,红外仪内设置仅让 4.26 μm 红外光通过的滤光片,当该波长的红外光经过含有 CO_2 的气体时,能量就因 CO_2 的吸收而降低,降低的多少与 CO_2 的浓度有关,并服从朗伯-比尔定律。分别供给红外仪含与不含 CO_2 的气体,红外仪的检测器便可通过检测红外光能量的变化而输出反映 CO_2 浓度的电讯号。

该仪器采用气体交换法来测量植物光合作用,通过测量流经叶室的空气中的 CO_2 浓度的变化来计算叶室内植物的光合速率。测定方式有开路和闭路两种。

(1) 开路系统的净光合速率 P_n(μmol $\cdot$ m^{-2} $\cdot$ s^{-1})。

$$P_n = -\frac{V}{60} \times \frac{273.15}{T_a} \times \frac{p}{1.013} \times \frac{1}{22.41} \times \frac{10000}{A} \times (C_o - C_i) = -w \times (C_o - C_i)$$

这里,
$$w = \frac{V}{60} \times \frac{273.15}{T_a} \times \frac{p}{1.013} \times \frac{1}{22.41} \times \frac{10000}{A} \quad (\text{mol} \cdot \text{m}^{-2} \cdot \text{s}^{-1})$$

式中:V 为体积流速(L $\cdot$ min^{-1}),可调整,可从流量计读出;

　　　T_a 为空气温度(K),待测;

　　　p 为大气压力(bar),一般为 1 标准大气压;

　　　A 为叶面积(cm^2),固定为叶室窗口面积;

　　　C_o 为出气口 CO_2 浓度(μL $\cdot$ L^{-1}),待测;

　　　C_i 为进气口 CO_2 浓度(μL $\cdot$ L^{-1}),待测。

(2) 闭路系统的净光合速率 P_n(μmol $\cdot$ m^{-2} $\cdot$ s^{-1})。

$$P_n = -\frac{V}{\Delta t} \times \frac{273.15}{T_a} \times \frac{p}{1.013} \times \frac{1}{22.41} \times \frac{10000}{A} \times (C_o - C_i) = -w \times (C_o - C_i)$$

这里,
$$w = \frac{V}{\Delta t} \times \frac{273.15}{T_a} \times \frac{p}{1.013} \times \frac{1}{22.41} \times \frac{10000}{A} \quad (\text{mol} \cdot \text{m}^{-2} \cdot \text{s}^{-1})$$

式中:V 为叶室容积(L),固定,不同型号叶室容积不同;

　　　Δt 为间隔时间(s),待测;

　　　T_a 为空气温度(K),待测;

　　　p 为大气压力(bar),一般为 1 标准大气压;

　　　A 为叶面积(cm^2),固定为叶室窗口面积;

　　　C_o 为终止时 CO_2 浓度(μL $\cdot$ L^{-1}),待测;

　　　C_i 为初始时 CO_2 浓度(μL $\cdot$ L^{-1}),待测。

(3) 蒸腾计算。

$$E = \frac{e_o - e_i}{p - e_o} \times w \times 10^3 \quad (\text{mmol} \cdot \text{m}^{-2} \cdot \text{s}^{-1})$$

这里,
$$e_o = RH_o \times e_s, \quad e_i = RH_i \times e_s$$

$$e_s = 6.13753 \times 10^{-3} \times \exp\left[T_a \times \frac{18.564 - \dfrac{T_a}{254.57}}{T_a + 255.57}\right]$$

式中：$e_o(e_i)$ 为出（进）气口水气压（bar），待测，计算；

　　　e_s 为空气温度下的饱和水气压（bar），待测，计算；

　　　$RH_o(RH_i)$ 为出（进）气口的相对湿度（%），待测；

　　　T_a 为空气温度（K），待测。

w 为开路测量时与（1）中的一致，为

$$w = \frac{V}{60} \times \frac{273.15}{T_a} \times \frac{p}{1.013} \times \frac{1}{22.41} \times \frac{10000}{A} \ (mol \cdot m^{-2} \cdot s^{-1})$$

闭路测量时与（2）中的一致，为

$$w = \frac{V}{\Delta t} \times \frac{273.15}{T_a} \times \frac{p}{1.013} \times \frac{1}{22.41} \times \frac{10000}{A} \ (mol \cdot m^{-2} \cdot s^{-1})$$

2. 仪器结构

1）仪器操作面板说明

CB-1101 型光合、蒸腾作用测定系统的操作面板见图 1-1。

旋钮 1、2 用于 CO_2 调零、调满。

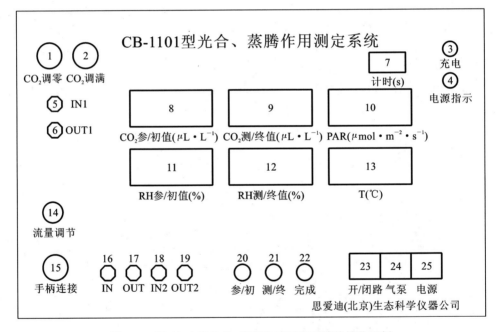

图 1-1　CB-1101 型光合、蒸腾作用测定系统的操作面板

插孔 3 用于插接充电器，给仪器供电或给内部电池充电。

4 为 LED 指示灯，灯亮表示内部电池电能不足，应尽快充电。

气嘴 5、6 接流量计，IN1、OUT1 对应流量计两端标有 IN1、OUT1 的插头。

7 为 LED 显示器，用于闭路测量时计时，最小计时单位为 s，该显示器在太阳光直射下显示不太清楚，此时用手遮住强光就可以读数。

8~13 为 LCD 显示器,显示各因子的测量值。

旋钮 14 用于调节气路内气体的流速,可以从箱盖上的转子流量计直接读出体积流量。

插座 15 用于给叶室内用于搅匀空气的小风扇供电,也用于传输手柄上传感器的信号。

气嘴 16、17 调零时接碱石灰管,IN、OUT 对应碱石灰管两端标有 IN、OUT 的插头;测量、调满时 16 接参考气或标气,17 空置。

气嘴 18、19 接叶室,IN2、OUT2 分别对应手柄上两根标有 IN2、OUT2 的塑料管。

测量时使用按钮 20、21、22 可完成数据的分别显示及锁定。

按钮 23 选择开、闭路测量方式,按下为开路测量(灯亮),不按下时为闭路测量(灯不亮)。

按钮 24 为气路中泵的开关,按下开泵,使气体在气路里流动。

按钮 25 为仪器的电源开关。

注:IN、OUT、IN1、OUT1、IN2、OUT2 都是相对主机箱而言。

2) 仪器内部组成

仪器由两大部分组成:气路系统和电路系统。其中气路系统包括 CO_2 调零气路系统、CO_2 调满(或参考气测量)气路系统、开路测量气路系统和闭路测量气路系统。基本气路是由泵、流量计和流量调节系统、三通电磁阀、过滤器与叶室等连接而成。流量计安装在仪器箱盖上,通过面板上的流量调节旋钮调节流量,三通电磁阀的气路切换亦可通过面板上的按键控制。

电路系统包括:信号源(红外 CO_2 分析器、温湿度传感器、光量子传感器)、控制电路(供电开关、控制按钮等)、调校处理电路(调零和调满,信号处理)和显示器(显示测量值及计时)。

(1) 气路系统。

① CO_2 调零气路系统　CO_2 调零气路系统为 CO_2 分析器零点调整所需(气路如图 1-2 所示),三通电磁阀 1 的 a 和 b 导通,三通电磁阀 2 的 c 和 a 导通。外气路在 IN 和 OUT 之间接碱石灰管(具体操作见"仪器操作"部分)。

② CO_2 调满(或开路测量时参考气测量)气路系统　CO_2 调满(或开路测量时参考气测量)气路系统为 CO_2 分析器满度调整或测量参考气所需(气路如图 1-3 所示),三通电磁阀 1 的 a 和 b 导通,电磁阀 2 的 c 和 a 导通。外气路 IN 接标气或参考气,OUT 空置。

③ 开路测量气路系统　开路测量分两步进行。第一步进行参考气测量:方法同满度测量(气路如图 1-3 所示)。第二步进行叶室测量:电磁阀 1 的 a 和 c 导通,电磁阀 2 的 b 和 a 导通时(气路如图 1-4 所示)。外气路 IN 接参考气,OUT 空置。

④ 闭路测量气路系统　在进行闭路测量时,电磁阀 1 的 a 和 c 导通,电磁阀 2 的

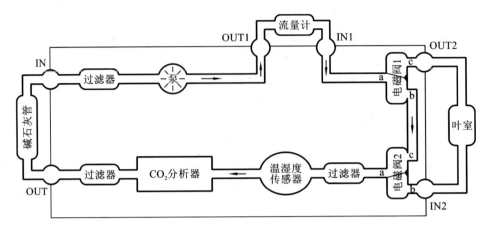

图 1-2　CO_2 调零气路图

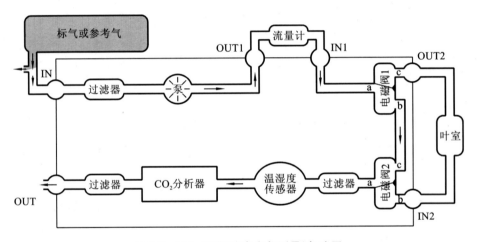

图 1-3　CO_2 调满(或参考气测量)气路图

b 和 a 导通(气路如图 1-5 所示)。外气路 IN 和 OUT 用一根导管相连。

　　注意:随机附带的是开路叶室,如要进行闭路测量最好另配闭路叶室。

　　(2) 电路系统。

　　CB-1101 型光合、蒸腾作用测定系统的电路系统主要由传感器(红外 CO_2 分析器、温湿度传感器、光量子传感器)、控制电路(供电开关、控制按钮等)、调校处理电路(调零和调满,信号处理)和显示器(显示测量值及计时)组成。

　　① 传感器系统　红外 CO_2 分析器和温湿度传感器将流经系统的气体的 CO_2 浓度和温湿度转换成适当的电信号输出,光量子探头将光合有效辐射(PAR)转换成适当的电信号输出。这几个输出信号经处理后分别送到 6 个 LCD 显示器显示。

　　② 控制电路　通过安装在面板上的相关按钮可以控制可选择接通的电路。通过"电源"开关来控制总电源,通过"气泵"开关来控制泵使空气在气路里流动,通过"开/闭路"按键来控制选择开或闭路测量方式,而用"参/初"、"测/终"、"完成"键可完

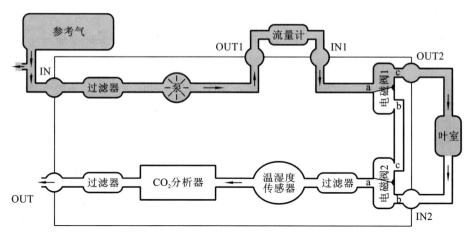

图 1-4　开路叶室测量气路图

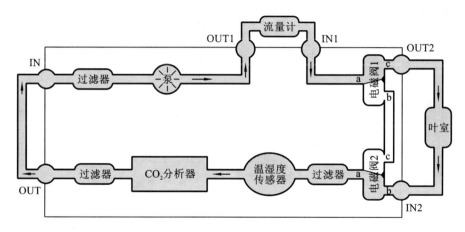

图 1-5　闭路测量气路图

成一次测量过程。

③ 调校处理电路　红外 CO_2 分析器在每次开机后都需要进行调零,并且应定期用已知 CO_2 浓度的标准气进行跨度校准(建议每月进行一次,校准越频繁,测量结果越准确)。信号处理电路将传感器输出的电流或电压小信号处理成可供显示器显示的信号。

④ 显示器　图 1-1 中的 6 个 3 位半 LCD 显示器,分别用于显示 6 个不同的待测参数。显示器 8、11 显示开路测量时的参考气或闭路测量时初始气的 CO_2 浓度值和相对湿度值,此显示值通过按"测/终"键锁定。显示器 9、12 显示开路测量时叶室中的或闭路测量时终止气的 CO_2 浓度值和相对湿度值,此显示值通过按"完成"键锁定。显示器 10 显示光合有效辐射值,此显示值不锁定。显示器 13 显示温度值,此显示值不锁定。

图 1-1 的 7 为一个 3 位的 LED 显示器,用于闭路测量时显示测量开始到测量结

束所用的时间。按"测/终"键锁定初始气的 CO_2 浓度值和相对湿度值,此时开始计时,按下"完成"键后锁定终止气的 CO_2 浓度值和相对湿度值,同时停止计时。

3)开机预热

按下"电源"开关键(灯亮表示正常工作),这时 CO_2 分析器开始工作,预热 4 min。

4)CO_2 分析器调零和调满

(1)CO_2 分析器调零。

CB-1101 型教学用光合、蒸腾测定系统每次开机测量都要先对 CO_2 分析器进行调零,具体调零步骤如下:①把从流量计上连接出来的标有"IN1"和"OUT1"的管子分别与面板上的"IN1"和"OUT1"接气嘴相连。然后把碱石灰管两端标有"IN"和"OUT"的管子分别与面板上的"IN"和"OUT"接气嘴相连。(该气路连接见图 1-2。)②待 CO_2 分析器预热 4 min 后,按下"泵"开关键,(灯亮表示正常工作)调节流量至 0.6 L/min,然后按下"开/闭路"开关键和"参/初"键,当 CO_2 参/初值显示器(也就是显示器 8)读数稳定时,调节"CO_2 调零"旋钮,让显示器 8 读数为零,然后按下"完成"键,至此调零完成,取下碱石灰管(用一根导管把碱石灰管的进、出气口相连)。

(2)CO_2 分析器调满。

对 CO_2 分析器进行调零后还需对 CO_2 分析器进行调满,具体的步骤如下:①把从已知浓度的 CO_2 标准气接出来的管子(对于压缩气必须用三通连接器,用以排放多余气体)接在"IN"接气嘴上。(气路连接见图 1-3。)②按下"参/初"键,当 CO_2 参/初显示器(也就是显示器 8)读数稳定时,调节"CO_2 调满"旋钮,使显示器 8 读数与已知浓度的 CO_2 标准气浓度一致,然后按下"结束"键,至此调零、调满完成。按起"开/闭路"开关键,取下与面板上"IN"接气嘴相连的管子,并关掉标准气开关阀门。

仪器在每次开机后都需要进行调零,并且应定期用已知 CO_2 浓度的标准气进行跨度校准(建议每月进行一次,校准越频繁,测量结果越准确)。

注意:调满完成后将满度电位器的刻度记下,以免不小心旋动调满旋钮导致重新调满。

5)测量

CB-1101 型光合、蒸腾作用测定系统具有开路、闭路两种测量方式。

(1)开路测量方式。

把连接参考气源的管子连接到面板上的"IN"接气嘴上,并把手柄上的两根标有"IN2"和"OUT2"管子分别与面板上的"IN2"和"OUT2"接气嘴相连,同时把手柄上的传感器电缆插头插到面板上的"手柄连接"插座上并拧紧。

按下"开/闭路"开关键(此灯亮表示选择开路测量,否则为闭路测量),然后把要测量的叶片夹到叶室上,接着按下"参/初"键,当显示器 8 显示的 CO_2 浓度值相对稳定后按下"测/终"键,当显示器 9 显示的 CO_2 的浓度值相对稳定后按下"完成"键,至此此次测量结束,记下各显示器的显示值。如要进行重复测量则重复上述步骤即可。

开路测量完毕,按起"开/闭路"开关键,结束开路测量方式。

注意:没有稳定的参考气源时,可用一个大的缓冲瓶代替,比如可用装过纯净水的大塑料桶,但其内部一定要干燥,在桶的细颈上罩一个纸杯,杯底捅一个小洞,这样就做成一个很好的缓冲瓶,但在罩纸杯之前要摇晃桶,防止其内部 CO_2 浓度与外界相差太大。另外,3 m 以上高度的空气也比较恒定,因此可以用一根管子将"IN"与 3 m 以上高度的空气相连。

（2）闭路测量方式。

把管子两端标有"IN"和"OUT"的管子两端分别连接面板上的"IN"和"OUT"接气嘴,并把手柄上的两根标有"IN2"和"OUT2"的管子分别与面板上的"IN2"和"OUT2"接气嘴相连,并把手柄上的传感器电缆插头插到面板上的"手柄连接"插座上并拧紧。选择闭路测量方式(如之前已进行过开路测量且"开/闭路"开关键上的指示灯仍亮着,则先要按起"开/闭路"开关键),然后把要测量的叶片夹到叶室上,接着按下"参/初"键,当显示器 8 显示的 CO_2 初始浓度值满足要求时,按下"测/终"键,此时显示器 7 开始计时(单位为 s),待显示器 9 显示的 CO_2 浓度值满足要求时(一般下降 30 $\mu L \cdot L^{-1}$),按下"完成"键,结束此次测量,记下各显示器的显示值及所用时间,如要进行重复测量,重复上述步骤即可。

关机时必须依次按起"开/闭路"开关键、"气泵"开关键、"电源"开关键。同时为了使按键 20、21、22 不处于长期疲劳状态,关机前用手指轻触这三个键中弹起的两个键中的任意一个,使三个键都保持弹起状态。

1.3　化学试剂规格的划分及配制方法

1.3.1　一般化学试剂的分类

根据研究内容和要求,在购买和配制化学试剂之前,需要了解所用化学试剂的物理和化学性质,包括纯度、溶解度、溶解性等。根据纯度及杂质含量的多少,可将其分为以下几个等级。

（1）优级纯试剂　亦称保证试剂,为一级品,纯度高,杂质极少,主要用于精密分析和科学研究,常以 GR 表示。

（2）分析纯试剂　亦称分析试剂,为二级品,纯度略低于优级纯,杂质含量略高于优级纯,适用于重要分析和一般性研究工作,常以 AR 表示。

（3）化学纯试剂　为三级品,纯度较分析纯差,但高于实验试剂,适用于工厂、学校一般性的分析工作,常以 CP 表示。

（4）实验试剂　为四级品,纯度比化学纯差,但比工业品纯度高,主要用于一般化学实验,不能用于分析工作,常以 LR 表示。

以上按试剂纯度的分类法已在我国通用。根据化学工业部颁布的"化学试剂包装及标志"的规定,化学试剂的不同等级分别用各种不同的颜色来标志,见表 1-1。

表 1-1　我国化学试剂的等级及标志

级　　别	一等品	二等品	三等品	四等品
纯度分类	优级纯	分析纯	化学纯	实验试剂
瓶签颜色	绿色	红色	蓝色	黄色

化学试剂除上述几个等级外,还有基准试剂、光谱纯试剂及超纯试剂等。基准试剂相当或高于优级纯试剂,专做滴定分析的基准物质,用以确定未知溶液的准确浓度或直接配制标准溶液,其主成分含量一般在 99.95% ~ 100%,杂质总量不超过 0.05%。光谱纯试剂主要用于光谱分析中做标准物质,其杂质用光谱分析法测不出或杂质低于某一限度,纯度在 99.99% 以上。超纯试剂又称高纯试剂,是用一些特殊设备如石英、铂器皿生产的。

我国化学试剂属于国家标准的附有 GB 代号,属于化学工业部标准的附有 HG 或 HGB 代号。

除上述化学试剂外,还有许多特殊规格的试剂,如指示剂、基准试剂、当量试剂、生化试剂、生物染色剂、色谱用试剂及高纯工艺用试剂等。

1.3.2　试剂浓度的表示及配制方法

1. 试剂浓度的表示

表示试剂的浓度方式有多种,常用的有百分浓度和物质的量浓度。

(1) 百分浓度　百分浓度(%)表示在 100 g 或 100 mL 溶液中含有溶质的数量,由于溶液的量可以用质量计算,也可以用体积计算,所以又分为质量百分浓度和体积百分浓度。

① 质量百分浓度　表示在 100 g 溶液中含有溶质的质量(g)。例如,10% NaCl 溶液,即表示 100 g 溶液中含有 10 g NaCl。配制时称取 10 g NaCl,加入 90 g 蒸馏水即可。

② 体积百分浓度　表示在 100 mL 溶液中含有溶质的体积(mL),通常液体溶质用此方式表示。例如,50%乙醇溶液,即表示 100 mL 溶液中含有乙醇 50 mL。配制时量取乙醇 50 mL,用蒸馏水稀释并定容到 100 mL 即可。

③ 质量体积百分浓度　表示在 100 mL 溶液中含有溶质的质量(g),一般百分浓度都用这种方法配制,常用于配制溶质为固体的稀溶液。例如,1% NaOH 溶液,即表示 100 mL 溶液中含有 1 g NaOH。配制时称取 1 g NaOH,用蒸馏水溶解并定容到 100 mL 即可。

(2) 物质的量浓度　物质的量浓度是指单位体积溶液所含溶质的物质的量,通常用 mol·L^{-1} 表示。此外,还有一些较小的单位,如 mmol·L^{-1} 和 μmol·L^{-1}。

2. 混合液的配制方法

在有两种溶液或溶液和试剂时,为了得到所需浓度的溶液,可用下列方法计算:

$$
\begin{array}{ccc}
a & & c-b \\
& \searrow \nearrow & \\
& c & \\
& \nearrow \searrow & \\
b & & a-c
\end{array}
$$

式中,c 为所求的混合液浓度;a 和 $a-c$ 为浓度较高的溶液的浓度和质量;b 和 $c-b$ 为浓度较低的溶液的浓度和质量;在换算成体积 V 时必须计算溶液的密度(d),即不用 a 而用 $V \times d$。

例如,有含量为 96% 和 70% 的溶液,需要用它们配制 80% 的溶液,则要将 10 份的 96% 溶液和 16 份的 70% 溶液混合。即

$$
\begin{array}{ccc}
96 & & 10 \\
& \searrow \nearrow & \\
& 80 & \\
& \nearrow \searrow & \\
70 & & 16
\end{array}
$$

1.4 实验材料的采集、处理与保存

植物材料的采集、处理和保存是否恰当是完成植物生理学研究的重要环节之一。植物生理学实验使用的材料非常广泛,根据来源可划分为天然的植物材料(如植物的幼苗、根、茎、叶、花等器官或组织等)和人工培养、选育的植物材料(如杂交种、诱导突变种、植物组织培养突变型细胞、愈伤组织、酵母等)两大类;按其水分状况、生理状态可划分为新鲜植物材料(如苹果、梨、桃果肉,蔬菜叶片,绿豆、豌豆芽下胚轴,麦芽、谷芽,鳞茎、花椰菜等)和干材料(小麦面粉,玉米粉,大豆粉,根、茎、叶干粉,干酵母等)两大类,因实验目的和条件不同,可加以选择。

1.4.1 植物材料的采集

植物生理学研究测定结果和结论的可靠性(或准确性),在很大程度上取决于材料的选用是否具有广泛的代表性。如果采样方法不科学,样品不具有广泛代表性,即使结果的分析准确无误,也不可能得出正确的结论。样品的采集除必须遵循田间试验抽样技术的一般原则外,还要根据不同测定项目的具体要求,正确采集所需实验材料。为了保证植物材料的代表性,必须运用科学方法采取材料。从大田或实验地、实验器皿中采取的植物材料,称为"原始样品",再按原始样品的种类(如植物的根、茎、叶、花、果实、种子等)分别选出"平均样品",然后根据分析的目的、要求和样品种类的特征,采用适当的方法,从"平均样品"中选出供分析用的"分析样品"。

1. 原始样品的取样法

(1)随机取样 在试验区(或大田)中选择有代表性的取样点,取样点的数目视田块的大小而定。选好点后,随机采取一定数量的样株,或在每一个取样点上按规定的面积从中采取样株。

（2）对角线取样　在试验区（或大田）可按对角线选定 5 个取样点，然后在每个点上随机取一定数量的样株，或在每个取样点上按规定的面积从中采取样株。

2. 平均样品的取样法

（1）混合取样法　一般颗粒状（如种子等）或已碾磨成粉末状的样品可以采取混合取样法进行。具体的做法为：将供采取样品的材料铺在木板（或玻璃板、牛皮纸）上成为均匀的一层，按照对角线划分为 4 等份。取对角的两份为进一步取样的材料，而将其余的对角两份淘汰。再将已取中的两份样品充分混合后重复上述方法取样。反复操作，每次均淘汰 50% 的样品，直至所取样品达到所要求的数量为止。这种取样的方法叫做"四分法"。

一般禾谷类、豆类及油料作物的种子均可采用这种方法采取平均样品，但注意样品中不要混有不成熟的种子及其他混杂物。

（2）按比例取样法　有些作物、果品等材料，在生长不均等的情况下，应将原始样品按不同类型的比例选取平均样品。例如，对甘薯、甜菜、马铃薯等块根、块茎材料选取平均样品时，应按大、中、小不同类型的样品的比例取样，然后将单个样品纵切剖开，每个切取 1/4、1/8 或 1/16，混在一起组成平均样品。

在采取果实（如桃、梨、苹果、柑橘等果实）的平均样品时，即使是从同一株果树上取样，也应考虑到果枝在树冠上的各个不同方位和部位以及果实体积的大、中、小和成熟度上的差异，按各自相关的比例取样，再混合成平均样品。

3. 取样注意事项

（1）取样的地点：一般在距田埂或地边一定距离的株行取样，或在特定的取样区内取样。取样点的四周不应该有缺株的现象。

（2）取样后，按分析的目的分成各部分（如根、茎、叶、果等），然后捆齐，并附上标签，装入纸袋。有些多汁果实取样时，应用锋利的不锈钢刀剖切，并注意勿使果汁流失。

（3）对于多汁的瓜、果、蔬菜及幼嫩器官等样品，因含水分较多，容易变质或霉烂，可以在冰箱中冷藏，或进行灭菌处理或烘干以供分析之用。

（4）选取平均样品的数量应当不少于供分析用样品的 2 倍。

（5）为了动态地了解供试验用的植物在不同生育期的生理状况，常按植物不同的生育期采取样品进行分析。取样方法系在植物的不同生育时期先调查植株的生育状况并区分为若干类型，计算出各种类型植株所占的百分比，再按此比例采取相应数目的样株作为平均样品。

1.4.2　分析样品的处理和保存

1. 从田间采取的植株样品或从植株上采取的器官组织样品

一般测定中，所取植株样品应该是生育正常、无损伤的健康材料。取下的植株样品或器官组织样品，必须放入事先准备好的保湿容器中，以维持试样的水分状况和未取下之前基本一致。否则,由于取样后的失水,特别是在田间取样带回室内的过程中,由于强烈失水,离体材料的许多生理过程发生明显的变化,用这样的实验材料进行测定,就不可能得到正确、可靠的结果。对于器官组织样品,如叶片或叶组织,在取样后就应立即放入铺有湿纱布、带盖的瓷盘中,或铺有湿滤纸的培养皿中。对于干旱研究的有关实验材料,应尽可能维持其原来的水分状况。

采回的新鲜样品(平均样品)在做分析之前,一般先要经过净化、杀青、烘干(或风干)等一系列处理。

(1) 净化　新鲜样品从田间或试验地取回时,常沾有泥土等杂质,应用柔软湿布擦净,不应用水冲洗。

(2) 杀青　为了使样品化学成分不发生转变和损耗,应将样品置于 105 ℃ 的烘箱中烘 15~20 min 以终止样品中酶的活动。

(3) 烘干　样品经过杀青之后,应立即降低烘箱的温度,维持在 70~80 ℃,直到烘至恒重。烘干所需的时间因样品数量和含水量、烘箱的容积和通风性能而定。烘干时应注意温度不可过高,否则会把样品烤焦,特别是含糖较多的样品,更易在高温下焦化。为了更精密地分析,避免某些成分的损失(如蛋白质、维生素、糖等),在条件许可的情况下最好采用真空干燥法。

此外,在测定植物材料中酶的活性或某些成分(如植物激素、维生素 C、DNA、RNA 等)的含量时,需要用新鲜样品。取样时注意保鲜,取样后应立即进行待测组分提取;也可采用液氮中冷冻保存或冰冻真空干燥法得到干燥的制品。放在 0~4 ℃ 冰箱中保存即可。在鲜样已进行了匀浆,尚未完成提取、纯化,不能进行分析测定等特殊情况下,也可加入防腐剂(甲苯、苯甲酸),以液态保存在缓冲溶液中,置于 0~4 ℃冰箱即可,但保存时间不宜过长。

2. 已经烘干(或风干)的样品

可根据样品的种类、特点进行以下处理。

(1) 种子样品的处理　一般种子(如禾谷类种子)的平均样品清除杂质后要进行磨碎,在磨碎样品前后都应彻底清除磨粉机(或其他碾磨用具)内部的残留物,以免不同样品之间的机械混杂,也可将最初磨出的少量样品弃去,然后正式磨碎,最后使样品全部无损地通过 80~100 目的筛子,混合均匀作为分析样品贮存于具有磨口玻璃塞的广口瓶中,贴上标签,注明样品的采取地点、试验处理、采样日期和采样人姓名等。长期保存的样品,贮存瓶上的标签还需要涂蜡。为防止样品在贮存期间生虫,可在瓶中放置一点樟脑或对二氯甲苯。

对于油料作物种子(如芝麻、亚麻、花生、蓖麻等)需要测定其含油量时,不应当用磨粉机磨碎,否则样品中所含的油分吸附在磨粉机上将明显地影响分析的准确性。所以,对于油料种子应将少量样品放在研钵内研碎或用切片机切成薄片作为分析样品。

(2) 茎秆样品的处理　烘干(或风干)的茎秆样品,均要进行磨碎,磨茎秆用的电磨与磨种子的磨粉机结构不同,不宜用磨种子的电磨来磨碎茎秆。如果茎秆样品的含水量偏高而不利于磨碎,应进一步烘干后再进行磨碎。

(3)多汁样品的处理　柔嫩多汁样品(如浆果、瓜、菜、块根、块茎、球茎等)的成分(如蛋白质、可溶性糖、维生素、色素等)很容易发生代谢变化和损失,因此常用其新鲜样品直接进行各项测定及分析。一般应将新鲜的平均样品切成小块,置于电动捣碎机的玻璃缸内进行捣碎。若样品含水量不够(如甜菜、甘薯等),可以根据样品重加入 0.1~1 倍的蒸馏水。充分捣碎后的样品应呈浆状,从中取出混合均匀的样品进行分析。如果不能及时分析,最好不要急于将其捣碎,以免其中化学成分发生变化而难以准确测定。

有些蔬菜(如含水分不太多的叶菜类、豆类、干菜等)的平均样品可以经过干燥磨碎,也可以直接用新鲜样品进行分析。若采用新鲜样品,可采用上述方法在电动捣碎机内捣碎,也可用研钵(必要时加少许干净的石英砂)充分研磨成匀浆,再进行分析。

在进行新鲜材料的活性成分(如酶活性)测定时,样品的匀浆、研磨一定要在冰浴上或低温室内操作。新鲜样品采后来不及测定的,可放入液氮中速冻,再放入－70 ℃冰箱中保存。

供试样品一般应该在暗处保存,但是,对于供光合、蒸腾、气孔阻力等测定的样品,在光照下保存更为合理。一般可先将这些供试样品保存在室内自然光强下,但从测定前的 0.5~1.0 h 开始,应对这些材料进行测定前的光照预处理(也叫光照前处理)。这不仅是为了使气孔能正常开放,也是为了使一些光合酶类能预先被激活,以便在测定时能获得正常水平的值,而且还能缩短测定时间。光照前处理的光强,一般应和测定时的光照条件一致。

测定材料在取样后,一般应在当天测定使用,不应该过夜保存。需要过夜时,也应在较低温度下保存,但在测定前应使材料温度恢复到测定条件的温度。

对于采集的籽粒样品,在剔除杂质和破损籽粒后,一般可用风干法进行干燥。但有时根据研究的要求,也可立即烘干。对叶片等组织样品,在取样后则应立即烘干。为了加速烘干,对于茎秆、果穗等器官组织应事先切成细条或碎块。

1.5　实验数据的处理

做好实验记录是进行实验结果处理和分析的前提,在实验中观察到的现象及数据,应当及时、准确地记在记录本上,切勿写错,更不能涂改。科学研究要求做到一丝不苟,严谨刻苦,实事求是,这不仅是做学问,而且也是做人的基本准则。

在植物生理生化定量测定中,对实验数据进行统计分析,正确运用统计学方法非常重要。首先遇到的是实验测定结果中有效数字位数的确定问题。记录数据时,只应保留一位不确定数字,计算结果中保留过多的不确定数字是没有意义的,在去掉多余尾数时,以"四舍五入"为原则。在运算过程中,也可以暂时多保留一位不确定数字,得到计算结果后,再去掉多余的尾数。

　　其次,在待测组分定量测定中,误差是绝对存在的,因此必须善于利用统计学的方法,分析实验结果的正确性,并判断其可靠程度。实验中,每种处理至少要有三次重复,定量测定数据也要有三次重复,否则,无法进行统计检测。而且,在统计分析之前,不能单就数据进行选择统计。取材误差、仪器误差、试剂误差、操作误差等一些经常性的原因所引起的误差,称为系统误差;一些偶然的外因所引起的误差,称为偶然误差。前者影响分析结果的准确度,后者影响分析结果的精密度。所谓准确度,是指测得值与真实值符合的程度,它用误差来表示。误差小表示可靠性好,误差大表示可靠性差。误差分为绝对误差和相对误差。所谓精密度,是指几次重复测定彼此间符合的程度,显示其重现性状况,它用偏差来表示。偏差分为绝对偏差和相对偏差。准确度和精密度共同反映测定结果的可靠性。

　　在对实验结果进行分析时,对同一待测组分所得到的多个实验数据,最简单的办法是计算其算术平均值,但这还不能很好地反映测定结果的可靠性,尚需计算出偏差或相对偏差。在分析中,如果实验数据不多,则可采用算术平均偏差或相对平均偏差表示精密度;但当实验数据较多或分散程度较大时,用标准偏差(即均方差 S)或相对标准偏差(即变异系数 CV)表示精密度更可靠。还可用置信区间表示指定置信度 aF 的偏差。

$$算术平均值 = \frac{\sum x_i}{n}$$

$$算术平均偏差 = \frac{\sum |x_i - \overline{x}|}{n}$$

$$相对平均偏差 = \frac{\sum |x_i - \overline{x}|}{n\overline{x}} \times 100\%$$

$$标准偏差(均方差)S = \sqrt{\frac{\sum (x_i - \overline{x})^2}{n-1}}$$

$$变异系数 CV = \frac{S}{\overline{x}} \times 100\%$$

$$置信区间的界限 P = \frac{t(a,n-1)S}{\sqrt{n}}$$

$$置信区间 = \overline{x} \pm P$$

　　在科学研究中,为了检测某一样品 $\overline{x}$ 所属总体平均数和某一指定的同类样品的总体平均数之间,或者两种处理取样所属的总体平均数之间有无显著差异,在总体方差未知,又是小样本情况下,可以用 t 检验求得 t 值,再根据设定显著水平和自由度大小,从 t 值表中查得概率值(P),即可推断不同样品或同一样品的不同处理之间是否具有显著性差异及其差异水平。

　　所谓 t 检验,实质上是差数的 5% 和 1% 置信区间,它只适用于检验两个相互独立的样品平均数。要明确多个平均数之间的差异显著性,还必须对各平均数进行多重比较。多重比较的方法,过去沿用最小显著差数法(简称 LSD 法),但此法有一定的局限性。近来多采用最小显著极差法(简称 LSR 法),这一方法的特点是不同平均数间的比较采用不同的显著差数标准,可用于平均数间的所有相互比较,其常用方法有新复极差检验和 q 检验两种。各平均数经多重比较后,常采用标记字母法表示。在平均数之间,凡有一个相同标记字母的即为差异不显著,凡具有不同标记字母的即为差异显著,用小写字母 a、b、c 等表示 $\alpha = 0.05$ 显著水平,大写字母 A、B、C 等表示 $\alpha = 0.01$ 显著水平。差异显著性也可用标“ * ”号的方法表示,凡达到 $\alpha = 0.05$ 水平(差异显著)的数据,在其右上角标一个“ * ”号,凡达到 $\alpha = 0.01$ 水平(差异极显著)的数据,在其右上角标两个“ * ”号,凡未达到 $\alpha = 0.05$ 水平的数据,则不予标记。

　　在科学实验中,方差分析可帮助我们掌握客观规律的主要矛盾或技术关键。方差分析的基本步骤可概括为:①将资料总变异的自由度及平方和分解为各变异因素的自由度及平方和,进而算得其均方差;②计算均方比,做出 F 检验,以明确各变异因素的重要程度;③对各平均数进行多重比较。具体的方法可参考有关专业书籍。

第 2 章　　植物生理学综合性和设计性实验概述

2.1　综合性和设计性实验的概念与特点

综合性实验是指实验内容涉及本课程或相关课程的综合知识、技术和方法等的实验,旨在培养学生的综合分析能力、实验动手能力、数据处理能力及资料查阅能力。综合性实验强调学生综合能力的培养,而不再是以简单地验证理论和掌握基本实验技能为目的。

设计性实验是近年来在倡导"创造性思维"和"能力培养"教育理念的时代背景下提出的新型实验,主要是指教师给出实验目的和实验条件,让学生自行设计并以实验加以证明的实验,其目的是培养学生的质疑能力、探索精神和创新能力。设计性实验的核心是开发学生的"创造性思维",它既不能与综合性实验相提并论,也不能与经典的植物生理学基础性实验论优劣,应该说基础性实验是综合性实验的基础,而综合性实验又是设计性实验的基础。

综合性和设计性实验必须以基础性实验为基础。综合性和设计性实验不是让学生凭空去想象、设计或完成一个较复杂的实验,而是在一定的知识、技能积淀的基础上的一次综合性或创造性活动。因此,学生需要在完成植物生理学理论知识学习,并且完成植物生理学基础性实验,掌握了基本实验技能和方法以后,才能进行。其次,综合性和设计性实验既然是一种综合性和创造性的活动,一般无具体的实验步骤和方法可依赖,它有自己独特的思路和方法,重在发现问题、分析问题和解决问题,具有一定的挑战性。另外,综合性和设计性实验一般要求学生按照撰写科技论文的规范撰写实验报告,让学生懂得什么是"摘要",什么是"关键词",什么是"引言",什么是"材料与方法",以及如何撰写"结果与讨论"等。有时也让学生尝试撰写英文题目、署名、摘要和关键词。因此,综合性和设计性实验对学生设计能力、研究能力、写作能力等方面的培养是一种综合性的演练,对学生植物生理学学科精神的培养与形成起着重要的作用。

2.2　开设综合性和设计性实验的意义

高等院校的学生要适应社会主义市场经济的需要,综合能力的培养和创造性思维的开发是素质教育必须考虑的首要问题。也就是说,高等院校的本科生不仅要具备必要的理论知识、基本技能和工作方法,还需要具备较强的综合能力和创造性思维,能够独立地进行开创性工作。在深化高等教育改革的今天,对实验教学提出了更高层次的要求,教学目标从传统的"验证理论,培养动手能力和多种实验技能"向"培养创新思维、创新能力和科研能力"转变。这在我国现代的高等教育理念中已经十分明确,高等院校的本科生今后无论是继续深造攻读硕士学位,还是服务于社会,或者在中小学任教,都需要创造性思维和创造性工作。

2.3　综合性和设计性实验选题引导

选题是进行综合性和设计性实验的第一步,选题不仅能反映学生对植物生理学理论知识、实验技能的掌握情况,也能反映学生对整个生命科学的总体把握程度,以及对社会和环境的观察能力、关心程度和综合能力的大小。在学生自主选题过程中,有的学生选题过于简单,如"种子萌发过程中需要氧气"、"果实成熟过程中糖类的合成"等,而有的学生选题题目太大,过于笼统,如"光对植物生长发育的影响"、"逆境胁迫过程中基因的表达"等。俗话说得好,"好的开端是成功的一半",要让学生在综合性和设计性实验中找到"成就感",真正达到综合锻炼的目的,教师就要对学生的选题进行启发和引导,有时甚至需要对学生的选题进行调整,选题不要过大、过空,同时也要难易适中。因此,在综合性和设计性实验中,一定要重视"选题"这一环节,把握好"选题"这一环节。

选题的范围很广,应该从多层次、多视角进行选题。在多年的综合性和设计性实验教学中,我们主要从以下几个方面进行选题。

(1)学生自主选题。学生根据自己对植物生理学某一领域的了解、兴趣与爱好,自主选题。如:有的学生对植物组织培养方面感兴趣,就以"胡萝卜的愈伤组织诱导及细胞悬浮培养"为题;有的学生对切花感兴趣,就以"水杨酸在香石竹切花保鲜中的作用"为题等。

(2)变验证性实验为综合性和设计性实验。在植物生理学实验指导书中,有的验证性实验只阐明了结果,而没有描述其具体的生理机制,对这种类型的验证性实验可以将它转化为综合性和设计性实验。例如"细胞分裂素对萝卜子叶的保绿作用",这是一个典型的验证性实验,但如果对其生理生化机制进行探讨,就可使其转化为一个综合性和设计性实验"细胞分裂素对萝卜子叶保绿作用的可能生理生化机制",此选题可涉及抗氧化剂、抗氧化酶、组织活力、膜脂过氧化等方面的内容。再如,"钾离子对气孔开度的影响"可转化为综合性和设计性实验"钙信使系统和活性氧对气孔运动的影响"等。

(3)将成熟、稳定的科研成果转化为综合性和设计性实验内容。将科研成果转化为综合性和设计性实验内容不仅是科研反哺教学的重要手段,也是综合性和设计性实验选题的重要途径之一。在多年的综合性和设计性实验教学中,除了采取上述两种做法以外,我们还将国家自然科学基金和省自然科学基金重点项目资助的"植物对逆境胁迫交叉适应的启动信号与适应机制"的部分研究成果转化为综合性和设计性实验"热激诱导的玉米幼苗耐热性观察及其生理生化机制"。在前面的科研工作中已较深入地研究了热激诱导的玉米幼苗耐热性的各种条件和影响因素及可能的机制,建立了稳定的实验体系,从而为将本部分的科研成果转化成为本科生的综合性和设计性实验教学内容奠定了坚实的基础。

(4)紧扣学科前沿进行选题。植物生理学是蓬勃发展的学科,各领域的发展日新月异,相关的实验内容、技术与方法也不断地更新和出现。所以,在植物生理学综合性和设计性实验选题中,可紧扣学科发展前沿进行选题。近年来,"植物逆境生理学"、"植物信息传递与信号转导"等领域是植物生理学研究的热点内容,学生可以在教师的指导下进行合理的选题。如"热激诱导植物耐热性的可能生理生化机制"、"钙信使系统与活性氧的交谈及其对气孔运动的影响"等。但是,这种类型的选题,对老师和学生的要求都比较高,老师可让功底较好的学生进行这方面的选题。

总之,在综合性和设计性实验的选题中,教师不仅要考虑学生的兴趣及爱好,也要考虑学生的能力和水平,针对不同的学生进行"难易适中"的选题。

2.4　综合性和设计性实验方案确立与实施

学生完成选题后,进入综合性和设计性实验的实施阶段。实施阶段一般包括三步:第一步,学生写出并修改设计方案;第二步,验证实验方案;第三步,分析整理数据,撰写科技论文。设计方案应包括实验目的、实验原理、实验材料、仪器与药品、实验步骤,这些内容学生可以参考已做过的实验或相关参考书自行设计。

在综合性和设计性实验设计方案的验证过程中,从仪器设备的安装调试、试剂的配制、材料的培养,以及后面的整个研究过程和实验结果的处理,都在教师的引导下由学生自行完成。特别是在研究过程中,要充分发挥学生的主观能动性,要善于发现问题、提出问题、分析和解决问题,科学地、实事求是地评价自己的实验结果,有理有据地进行科学的推论。

科技论文的撰写是科学研究的尾声,但它不是结束,对于研究者来说论文的发表才是此项科学研究的结束。标准的科技论文一般由题目、署名、摘要、关键词、前言、材料与方法、结果、讨论、参考文献等组成。

2.5　综合性和设计性实验的教学方法

2.5.1　教学目的

学生通过基础性实验的锻炼后,基本上掌握了植物生理学的基本研究手段和方法,通过综合性和设计性实验实践,培养学生的设计能力、提出问题和解决问题的能力、科研动手能力、科技论文的写作能力等综合能力和创新能力,改变传统的为学方法而学方法的不良状况,让学生在综合性和设计性实验中通过应用方法而掌握方法。

2.5.2　教学方法

1. 分组

根据学生兴趣和爱好,将学生分为若干小组,每组 2～4 人。

2. 设计方案

各小组在确定自己的研究方向后(小组间尽量不要重复内容,也可以自拟题目),要求每个小组都通过查阅大量的文献资料,在规定时间内设计出自己的实验方案,然后用 5～10 min 的时间向同组组员介绍自己的设计方案,也可以说是"开题答辩"。教师根据每个组员的实验方案的科学性和可行性,取其精华,弃其糟粕,整合每个组员的方案,让组员共同修改,完成小组的实验方案。

3. 实验方案的实施过程

在熟悉方案的基础上,配制试剂、培养实验材料以及完成相应的形态和生理指标的测定。在研究过程中,也可以根据出现的问题对实验内容和方法进一步修改和完善,同时完善小组的设计方案。

4. 撰写论文

实验结束后,学生根据实际情况对自己的实验结果进行统计学分析,分别提交各自的研究报告(科技论文)和修改后的设计方案。

5. 总结交流

最后一周每个小组选一名代表以 PPT 的形式向其他小组介绍本小组的研究内容和结果,组员对其研究内容和结果进行补充和答疑,各小组可以畅所欲言;另一方面,写出综合性和设计性实验的心得体会,包括对综合性和设计性实验的意见和建议,以便不断地完善综合性和设计性实验的教学方法。

2.6　综合性和设计性实验的考核方法

正如前面所述,综合性实验是指实验内容涉及该课程或相关课程的综合知识、技术方法和手段等的实验,旨在培养学生的综合分析能力、实验动手能力、数据处理能力及资料查阅能力。而设计性实验是指教师给出实验目的和实验条件,让学生自行设计并以实验加以证明的实验,其目的是培养学生的质疑能力、探索精神和创新能力。以开放实验室的教学形式进行的综合性和设计性实验教学,其目的、方法和手段等与验证性实验截然不同,因此验证性实验的考核方法已经不适用于综合性和设计性实验的教学,故我们对综合性和设计性实验的考核方法进行了一些探索和完善,形成了植物生理学综合性和设计性实验的考核方法(表 2-1)。

表 2-1　综合性和设计性实验考核的内容和分值分配

考核板块	具 体 内 容	分值分配/(%)
实验设计方案	目的明确,方案可行、规范,按时提交实验方案	20
研究实施过程	操作规范、熟练,发现、提出、分析和解决问题的能力	20
科技论文	科学性和规范性,结果处理、分析、归纳和总结能力,行文流畅	30
创新	实验内容、方法和手段的创新	15
口头设计能力	随机抽题,陈述自己的设计方案	15

2.6.1　实验设计方案

实验设计方案占 20%。实验设计方案是综合性和设计性实验的前提和基础。在这一环节中,主要考查学生对植物生理学基本问题的设计能力。学生在选题的基础上,通过查阅大量的相关文献资料(至少 10 篇,并且含 1~2 篇英文文献),分别以教师给定的题目或自拟题目为研究内容,修改和完善自己的实验方案。在明确实验目的,理清实验思路,方案可行、规范的基础上,按时提交自己的实验设计方案,教师根据实验方案的质量提出相应的修改意见并评出相应的等级。

2.6.2　研究实施过程

研究实施过程占 20%。研究实施过程不仅是学生对自己的设计方案进行研究并实现的过程,也是对自己的设计方案进行修改和完善的过程。此过程主要考查学生在实验过程中发现、提出、分析和解决问题的能力。

2.6.3　科技论文写作

科技论文占 30%。综合性和设计性实验结束后,要求学生根据选题的内容按照科技论文的撰写规范撰写科技论文(实验报告)。主要考查学生对自己实验结果的处理、分析、归纳和总结等能力,使学生初步养成科学、规范和严谨的撰写科技论文的习惯。通过科技论文写作训练,让学生明白:"摘要"是论文全文的浓缩,主要包含研究的目的、方法、结果、结论等;"关键词"是摘要内容的浓缩,也是反映论文主题内容的最重要的词、词组和短语;"引言"是文章的开场白,其作用是向读者揭示文章的主题、目的和总纲,包括研究的背景、目的、方法和结果;"结果"是文章的关键部分,是文章的价值所在,一般以文字、插图、表格、照片等形式进行合乎逻辑的分析;"讨论"是对结果进行理论分析和综合,回答"为什么出现这样的结果以及出现这样的结果意味着什么"的问题,等等。

2.6.4　创新能力的培养

创新能力的培养占 15%。创新是鼓励学生对实验内容、方法和手段进行改进和完善,不拘泥于书本或老师的指导,以激发学生的创新意识、创新思维和创新能力。

2.6.5　口头设计能力

口头设计能力占 15%。口头设计是在完成上述环节并提交科技论文后进行的期末考试手段,是检验学生对综合性和设计性实验掌握情况的一个重要举措。老师首先根据学生所做的实验内容包括验证性实验,拟出一系列难度适中、相似的题目,如"请你以小麦幼苗为实验材料,证明硝酸还原酶是一种诱导酶"、"请你以小麦种子为实验材料,证明赤霉素在转录和翻译两个水平上调节 α-淀粉酶的形成"、"请你以菠菜叶片为实验材料,证明细胞分裂素具有延缓衰老的作用",等等。口头设计过程中,先让学生随机抽题,准备 5 min 后,在 10 min 内向老师陈述自己的设计方案。

2.7　综合性和设计性实验科技论文写作方法简介

2.7.1　科技论文的含义

科学技术论文简称科技论文。它一般包括报刊科技论文、学年论文、毕业论文、学位论文(又分学士、硕士、博士论文)。科技论文是在科学研究、科学实验的基础上,对自然科学和专业技术领域里的某些现象或问题进行专题研究、分析和阐述,揭示出这些现象和问题的本质及其规律性而撰写成的文章。也就是说,凡是运用概念、判断、推理、论证和反驳等逻辑思维手段,来分析和阐明自然科学原理、定律和各种问题的文章,均属科技论文的范畴。科技论文主要用于科学技术研究及其成果的描述,是研究成果的体现。运用它们可以进行成果推广、信息交流,促进科学技术的发展。它们的发表标志着研究工作的水平,为社会所公认,载入人类知识宝库,成为人们共享的精神财富。科技论文还是考核科技人员业绩的重要标准。

2.7.2　科技论文的特点

1. 学术性

学术性又称理论性。科技论文是一种纯学术性的文章。它要求运用科学的原理和方法,对自然科学领域的新问题进行科学分析,严密论证,抽象概括。虽然它取材于某一研究项目、某一实验、某一新产品研制等,但绝不是客观事物的外观形态和过程的描述,或者就事论事地进行叙述。而是经过提炼、加工,从理论上做出说明。可见,学术性是科技论文最基本的特征。

2. 创造性

衡量科技论文价值的根本标准就在于它的创造性。如果没有新创造、新见解、新发现、新发明,就没有必要写论文,因为科学研究的目的就在于创造。作为科研成果的论文,它的任务即是进行学术交流,实现其科学价值。可见,广大科技人员,如果只能继承,没有创造,人类的文明就不会得到发展。

2.7.3　科技论文选题

科技论文选题是确定专攻方向,明确要解决的主要问题。选题不能单凭个人兴趣,或者一时热情,而要从生产、科研的实际出发,选择那些有价值的,能促进科学技术发展,或在生产和建设上、人民生活中,需要迫切解决的有重大效益的课题。那么怎样选择呢?

1. 选择本学科亟待解决的课题

各个自然学科领域之中,都有一些亟待解决的课题。有些是关系到国计民生的重大问题,有的是该学科发展中的关键问题,有的是当前迫切需要解决的问题。因此,我们必须坚持为社会主义现代化建设服务的方向,选择那些亟待解决的课题。

2. 选择本学科处于前沿位置的课题

凡是科学上的新发现、新发明、新创造,都有重大科学价值,必将对科学技术发展起推动作用。因此,选题要敢于创新,选择那些在本学科的发展中处于前沿位置,有重大科学价值的课题。经过苦心研究,取得独创性成果,为人类科学技术事业的发展做出新贡献。

3. 选择预想获得理想效果的课题

选题一定要避免盲目性,选择那些能发挥本人业务专长和利于展开的课题,或者选择那些比较熟悉或感兴趣的课题,这样可以发挥个人优势。题目大小适中,又选准了突破口,就可能获得理想的效果。

4. 选择课题应注意可行性

选题时,要考虑到主、客观条件,一定是经过努力能够实现的。具体地讲,表现在下述三个方面:①科学原理上是可行的,绝不能违反自然规律和科学原理;②考虑研究者本身的知识水平、科研能力,不可贪大,甚至超过个人实际能力;③考虑研究经费、实验场所(地)、仪器、设备、检测手段等条件上的可行性。不能不顾及条件,盲目上马。初学写作人员选题不宜过大,涉及范围不宜过宽,否则,困难很大,不易完成,题目小点则容易写作。只要写作方法对头,思路正确,题目虽小些但可以把论题写深写透,这样的论文还是有一定价值的。

2.7.4　科技论文的构成及其写作规范

随着科学技术的飞速发展,科技论文大量发表,越来越要求论文作者以规范化、标准化的固定结构模式来表达他们的研究过程和成果。科技论文的基本构成是 IM-RAD,I 即"引言"(introduction),M 即"材料与方法"(materials and methods),R 即"实验结果"(results),A 即"和"(and),D 即"讨论"(discussion)。这种通用型结构形式,是经过长期实践,人们总结出来的论文写作的表达形式和规律。这种结构形式,是最明确、最易令人理解的表达科研成果的好形式。现将科技论文的结构及其写作规范简述如下。

1. 标题(title)

①要求:醒目、能鲜明概括出文章的中心论题,以便引起读者关注,简洁而切中要害,应尽量少用副标题,一般在 20 字以内,避免使用符号和特殊术语。②内容:以足够的信息告诉读者实验的目的和主要成果。③语言:名词词组,中心词+其他成分。④注意:切忌过大。例如:逆境胁迫对植物生理生化指标的影响。

2. 署名(list authors and address)

①格式:作者+通讯地址(单位+邮政编码)。②要求:署名只用真实姓名,切不可使用笔名或别名,署名者必须为对该研究有贡献者,如课题的设计者、研究者、论文的写作者等,只参加某部分、某一实验或对研究工作给予资助的人,不需署名,可在致谢中写明。③排序:按照贡献大小,通讯作者(corresponding author)一般为课题负责人,可放在最后,意义等同第一作者。④意义:文责自负,通讯联系。

3. 摘要(abstract)

①摘要也称提要,能准确而高度概括论文的主要内容,是文章的第一部分,但一般放在最后来写,它是文章的小结,独立成文。②内容及顺序:why(为什么要做,说明重要性)和 what(关于什么实验)——引言;how(怎么做)——方法;主要结果——结果;主要结论——讨论(阐明的问题)。③注意:使用信息高度浓缩的词,合理使用现在时与过去时。④目的:方便读者概略了解论文的内容,以便确定是否阅读全文或其中一部分,同时也是为了方便科技信息人员编文摘和索引,便于检索。

4. 关键词(keywords)

①要求:一般 3~5 个。②来源:用什么(材料),做什么(内容及对象),怎么做(方法)等。

5. 引言(introduction)

引言也称前言,可给读者足够的背景信息,实验目的和来龙去脉表述清晰,是论文中的最难写部分。①内容与结构:什么主题(what)与什么实验(what);为什么做(why);比较和总结前人的结果,找出不足、矛盾或空白处;陈述自己的目的。②注意:紧扣主题;逻辑关系强;确定性;一般为现在时态;从大到小,从泛到窄的漏斗式写法。

6. 材料和方法(materials and methods)

怎么做就怎么写,但必须清晰明了,可靠、可重复,物种学名第一次出现处用拉丁文标注。①结构与内容:什么材料及什么方法。②原创的方法:详细描述。③改进的方法:写明改进之处。④现成的方法:直接引用。

7. 实验结果(results)

①格式:多以图、表、照片、文字(简洁)等形式出现,陈述现在的发现和简短的结论。②内容:发现或观察到什么。一般采取两种写作形式:从图或表中可以看出……

或结果表明……③结构与顺序:图、表等如何来?(简述方法)结果是什么? 说明了什么?(小结论)。④注意:图、表等的规范性,有图(表)题、图例、图注等,表为三线表;一般无参考文献;无讨论;图表中的数据是经过统计学分析的数据,不是原始数据。

8. 讨论(discussion)

讨论是对结果的科学解释,是对引言提出问题的回答,也是文章最难写的内容之一。

①结构与顺序:简述结果;与前人的结果比较,是否与前人的一致;解释自己的结果、意义及应用;不足及未来的研究方向;小结(有时独立成段)。②注意:衔接的逻辑关系,段落的内聚力(紧扣主题)。

9. 致谢(acknowledgments)

科学研究通常不是只靠一两个人的力量就能完成的,需要多方面力量的支持、协助或指导。在论文结论之后或结束时,应对整个研究过程中,曾给予帮助和支持的单位和个人表示谢意。尤其是参加部分研究工作,没有署名的人,要肯定他们的贡献,予以感谢。

10. 参考文献(references)

作者在论文之中,凡是引用他人的报告、论文等文献中的观点、数据、材料、成果等,都应在论文中标明。参考文献不仅便于读者查阅原始资料,也便于自己进一步研究时参考。应该注意的是,凡列入的参考文献,作者都应详细阅读过,不能列入未曾阅读的文献。常用参考文献的表示方法有"引用序号制"和"著者-年代制",前者在正文中按照文献出现的顺序用阿拉伯数字排列(一般采用上标),重复引用的序号不变;后者则在引用处插入小括号,小括号内为第一作者(两个以内全部列出)和年代,多篇文献同时出现时按年代排列。在文末列出参考文献时,"引用序号制"按照参考文献在正文中出现的顺序排列,而"著者-年代制"则按照英文字母或汉语拼音的首写字母顺序排列,一般先列中文,再列日文和韩文,最后列英文。每篇参考文献按作者、篇名、文献出处、出版时间、页码等顺序排列。

11. 附录

附录是将不便列入正文的有关资料或图纸编入其中,它包括实验部分的详细数据、图谱、图表等,有时论文写成,临时又发现新发表的资料,需要补充,可列入附录。附录里所列材料,可按论文表述顺序编排。

2.7.5　科技论文的原创性和剽窃行为

1. 原创性是科技论文的生命

如何做到论文的原创性? ①亲自制定研究方案;②亲自进行科学实验;③亲自撰写科技论文;④注意做好引用的规范性。正确引用前人的思想、观点、方法、理论等,而不是照搬照抄别人的词、句、段、文章等。

2. 剽窃行为

什么情况下构成剽窃呢？①在没有做任何引用的情况下,将网络中的资源拷贝和粘贴到自己的文章或作业中;②拷贝原创作品并且只做几个字词的修改;③在没有同意或引用的情况下拷贝原创作品的图、表等;④在没有同意或引用的情况下拷贝原创作品的词、句组成自己的一段文字;⑤拷贝其他同学的实验报告或一部分。

附　学生科技论文(综合性、设计性实验报告)范例

热激诱导的玉米幼苗耐热性及其与脯氨酸的关系

　　摘　要　热激可诱导玉米幼苗中脯氨酸的积累,提高玉米幼苗在高温胁迫下的存活率,而外源脯氨酸预处理也可提高玉米幼苗内源脯氨酸的水平和抗氧化酶抗坏血酸过氧化物酶(APX)、过氧化氢酶(CAT)、超氧化物歧化酶(SOD)、谷胱甘肽还原酶(GR)、过氧化物酶(GPX)的活性,从而提高玉米幼苗的耐热性。这些结果暗示脯氨酸预处理提高抗氧化酶活性可能是热激诱导的玉米幼苗耐热性形成的生理基础之一。

　　关键词　玉米幼苗;热激;耐热性;脯氨酸;抗氧化酶

Heat-shock-induced Heat Tolerance in Maize Seedlings and Involvement of Proline

Abstract　Heat shock (HS) induced proline (Pro) accumulation in maize seedlings, increased survival percentage of maize seedlings under high temperature at 48 ℃. In addition, exogenous Pro pretreatment significantly enhanced the level of endogenous Pro and the activities of antioxidant enzyme ascorbic acid peroxidase (APX), catalase (CAT) , superoxide dismutase (SOD), glutathione reductase (GR) and peroxidase (POD) in maize seedlings, and increased heat tolerance of maize seedlings. These results suggested that the increase of antioxidant enzyme activities by Pro pretreatment could be one of the physiological basis in the formation of HS-induced heat tolerance in maize seedlings.

Keywords　maize (*Zea Mays*) seedlings; heat shock; heat tolerance; proline; antioxidant enzyme

　　高温是限制农作物产量的主要胁迫因子之一,高温胁迫往往产生氧化胁迫,导致

生物膜过氧化作用,蛋白质结构破坏和 DNA 损伤(Gong 等,1997;李忠光和龚明,2007;Wahid 等,2007)。一般认为,植物耐热性的形成与热激蛋白(heat shock proteins,HSPs)的积累和抗氧化系统活性的增强有关(Gong 等,1997;李忠光和龚明,2007;Wahid 等,2007)。各种逆境胁迫都往往伴随着脯氨酸(proline,Pro)的积累(Molinari 等,2007;Wahid 等,2007),在干旱胁迫(Hien 等,2003)和盐胁迫(Ashraf 和 Foolad,2007)中尤为明显。外源 Pro 预处理可提高烟草细胞的耐盐性(Hoque 等,2007a,b)、玉米细胞的耐冷性(Chen 和 Li,2002)和缓解重金属对茶菱的毒害作用(许晔等,2007),而对于 Pro 与植物耐热性的关系只有一些初步的报道(Song 等,2005),外源 Pro 预处理是否可提高玉米幼苗的耐热性尚未见报道。本文以玉米幼苗为实验材料,证实 HS 可提高玉米幼苗的耐热性,并且阐明 Pro 预处理提高抗氧化酶活性可能是热激诱导的玉米幼苗耐热性形成的生理基础之一。

1. 材料与方法

1.1　植物材料的培养

挑选饱满的玉米(*Zea mays*)品种晴 3 和鲁玉 13 的种子,以 0.1% $HgCl_2$ 消毒 10 min 后,漂洗干净,于 26.5 ℃下吸胀 12 h,播于垫有 6 层湿润滤纸的带盖白磁盘(24 cm×16 cm)中,于 26.5 ℃下黑暗中萌发 60 h。选取长势一致的玉米幼苗做以下处理。

1.2　热激(heat shock,HS)和热处理

将上述玉米幼苗转入 42 ℃的培养箱中进行热激处理 4 h,热激结束后于 26.5 ℃下恢复培养 4 h,非热激(non-HS)的对照组玉米幼苗始终培养在 26.5 ℃的培养箱中,最后热激和非热激的玉米幼苗同时转入 48 ℃高温下处理 17 h。处理过的玉米幼苗取出后,于 26.5 ℃、12 h 光照的植物生长箱中恢复培养 8 天,然后计算存活率。以在恢复期间能够恢复生长并转绿的玉米幼苗视为存活的幼苗。

1.3　Pro 处理和含量的测定

上述玉米幼苗分别转入垫有 2 层滤纸并加有 150 mL 蒸馏水(对照)或 1 mmol·L^{-1}、5 mmol·L^{-1}、10 mmol·L^{-1}、40 mmol·L^{-1} Pro 的带盖白磁盘中,26.5 ℃下继续培养 8 h 后排干 Pro 溶液,转入 48 ℃高温下处理 17 h,按上述方法恢复后计算存活率。上述经过热激、恢复和 Pro 处理的玉米幼苗按照 Lin 和 Kao(2001)的方法提取和测定 Pro 含量。

1.4　抗氧化酶活性的测定

取经 40 mmol·L^{-1} Pro 处理 8 h 后的玉米幼苗,按李忠光等(2002)的方法提取

并测定抗坏血酸过氧化物酶(APX)、过氧化氢酶(CAT)、超氧化物歧化酶(SOD)、谷胱甘肽还原酶(GR)、过氧化物酶(GPX)5种抗氧化酶活性。

　　上述所有实验均重复3次,每次实验中有2次测定重复,数据处理和统计分析用SigmaPlot 9.0软件进行,图表中所有数据均为平均值±标准误。

2. 实验结果

2.1　热激对玉米幼苗耐热性的效应

　　在植物逆境生物学研究中,存活率常常作为植物对逆境胁迫抵抗能力的重要生理指标(Gong 等,1997;李忠光和龚明,2007;Wahid 等,2007)。本研究中,上述萌发60 h的玉米幼苗经热激处理4 h再恢复培养4 h后,转入高温下处理17 h。从图1可看出,热激处理显著提高了晴3和鲁玉13两种玉米幼苗在高温处理下的存活率,且无论是经过热激还是未经过热激的晴3玉米幼苗其在高温处理下的存活率明显高于相对应的鲁玉13的存活率,表明热激处理能提高玉米幼苗的耐热性并且晴3玉米幼苗的耐热性强于鲁玉13。

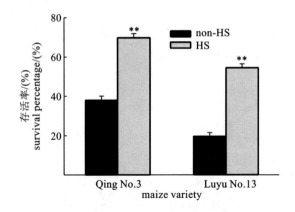

图1　热激对玉米幼苗存活率的影响

Fig.1　Effect of heat-shock on survival percentage in maize seedlings

** $P < 0.01$,与未经热激处理的对照相比

** $P < 0.01$, compare with the control without heat shock (non-HS)

2.2　Pro与热激诱导玉米幼苗耐热性形成的关系

　　一般认为,Pro 在抗旱、耐盐碱、抗冻等逆境胁迫过程中起渗透调节作用,可作为植物抗逆性的指标之一(Molinari 等,2007;Wahid 等,2007)。从图2可以看出,耐热性不同的两种玉米幼苗在 HS 过程中都可诱导 Pro 的迅速积累,并且随着时间的推移而增加,恢复2 h(图中6 h)达到最高峰,之后略有下降。另一方面,无论是 HS 还是恢复过程中,耐热性较强的晴3玉米幼苗 Pro 积累水平始终高于耐热性较弱的

鲁玉 13。说明玉米幼苗耐热性的强弱与 Pro 积累水平呈正相关。

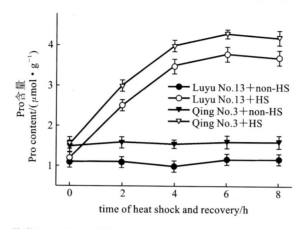

图 2　热激(0~4 h)和恢复过程(6~8 h)中玉米幼苗 Pro 含量的变化

Fig. 2　Change of Pro content during heat shock (0~4 h) and recovery (6~8 h) in maize seedlings

许晔等(2007)用外源 Pro 预处理茶菱幼苗,提高了茶菱叶片中的 Pro 含量,缓解了重金属对其毒害作用。类似地,图 3(a) 的实验结果可以看出,萌发 60 h 的玉米幼苗用不同浓度的 Pro 预处理后,与未经 Pro 处理的对照相比,都显著提高了玉米幼苗中 Pro 水平,以 10 mmol·L^{-1} 和 40 mmol·L^{-1} Pro 处理尤其明显,并且经不同浓度的 Pro 预处理的耐热性较强的晴 3 玉米幼苗 Pro 积累速度始终高于相应的耐热性较弱的鲁玉 13。此外,图 3(b) 的实验结果也可以看出,玉米幼苗用不同浓度的 Pro 预处理后,5 mmol·L^{-1} 以上的 Pro 预处理可不同程度地提高玉米幼苗在高温胁迫下的存活率,与图 3(a) 中的 Pro 积累相类似,其存活率尤其以 10 mmol·L^{-1} 和 40 mmol·L^{-1} Pro 为明显。这些实验结果表明,外源 Pro 预处理后提高了玉米幼苗中内源 Pro 含量,从而提高了玉米幼苗的耐热性。

2.3　外源 Pro 预处理对玉米幼苗抗氧化酶活性的影响

因为高温胁迫过程中都不可避免地会诱发植物细胞内以 H_2O_2 为代表的活性氧(reactive oxygen species, ROS)水平的增加而导致氧化胁迫(Gong 等,1997,2001;李忠光和龚明,2007;Wahid 等,2007)。由于植物体中存在着由抗坏血酸过氧化物酶(APX)、过氧化氢酶(CAT)、超氧化物歧化酶(SOD)、谷胱甘肽还原酶(GR)、过氧化物酶(GPX)等组成的抗氧化酶系统,以及由抗坏血酸(AsA)和谷胱甘肽(GSH)等抗氧化剂组成的非酶系统对 ROS 的精密调控,从而使植物体内 ROS 保持在植物可以忍耐的生理水平(Wahid 等,2007;Quan 等,2008)。两种耐热性不同的玉米幼苗经 40 mmol·L^{-1} Pro 处理 8 h 后,都不同程度地提高了玉米幼苗中 5 种抗氧化酶的活性,尤其以 APX、SOD 和 CAT 更为明显(表1)。

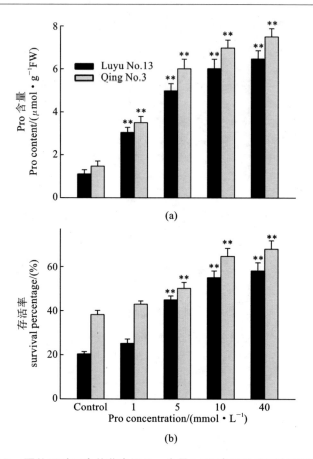

图 3　外源 Pro 预处理对玉米幼苗内源 Pro 含量(a)和高温胁迫下存活率(b)的影响

Fig. 3　Effect of Pro-pretreatment on endogenous Pro content (a) and survival

percentage (b) under high temperature in maize seedlings

** $P<0.01$，与未经 Pro 处理的对照相比

** $P<0.01$, compare with the control without Pro pretreatment

表 1　外源 Pro 预处理对玉米幼苗抗氧化酶活性的影响

Table 1　Effect of exogenous Pro pretreatment on five antioxidant enzyme activities in maize seedlings

抗氧化酶活性 antioxidant enzyme activities	晴 3 Qing No. 3		鲁玉 13 Luyu No. 13	
	$-$Pro	$+$Pro	$-$Pro	$+$Pro
APX/(μmol · min^{-1} · g^{-1})	27.6 ± 1.0	33.5 ± 1.5	25.4 ± 1.2	28.7 ± 1.3
CAT/(μmol · min^{-1} · g^{-1})	243.5 ± 4.5	286.2 ± 4.2	234.1 ± 3.5	265.4 ± 2.5
SOD/(U · g^{-1})	421.2 ± 8.4	485.3 ± 9.5	411.5 ± 7.3	465.4 ± 6.5
GR/(μmol · min^{-1} · g^{-1})	1.21 ± 0.03	1.32 ± 0.04	1.10 ± 0.02	1.25 ± 0.05
GPX/(μmol · min^{-1} · g^{-1})	4.2 ± 0.2	4.0 ± 0.1	3.8 ± 0.3	3.9 ± 0.2

3. 讨论

以前的研究(Gong 等 2001；李忠光等，2007)和现在的结果(图 1)都清楚地表明热激处理可提高玉米幼苗的耐热性，但植物耐热性形成的机制目前仍然不完全清楚，一般认为可能与 HSPs 的积累和抗氧化系统活性的增强有关(Gong 等，1997；李忠光和龚明，2007；Wahid 等，2007)。

Pro 不仅是一种渗透调节物质，调节逆境胁迫过程中植物细胞的水分平衡(Hoque 等，2007a；Wahid 等，2007)，更重要的是 Pro 作为一种抗氧化剂，清除逆境胁迫过程中产生的 ROS，与由 APX、CAT、SOD、GR、GPX 等组成的抗氧化酶系统和由 AsA 和 GSH 等抗氧化剂组成的非酶系统协同作用，精密调控植物细胞中 ROS 水平，以免生物膜和生物大分子如蛋白质、核酸等遭受 ROS 的攻击而破坏，从而确保了细胞膜的完整性和细胞活性(Rodriguez 和 Redman，2005；Ashraf 和 Foolad，2007；Molinari 等，2007)，进一步提高了植物对不良环境的抵抗能力。虽然，也有报道，高浓度的 Pro 是一种毒害剂，用其处理拟南芥和番茄幼苗则抑制根系的生长，降低叶绿素含量(Heuer，2003；Nanjo 等，2003)，但更多的研究者则认为，外源 Pro 预处理可提高烟草细胞的耐盐性(Hoque 等，2007)、玉米细胞的耐冷性(Chen 和 Li，2002)和缓解重金属对茶菱的毒害作用(许晔等，2007)。我们现在的研究结果也表明外源 Pro 预处理可提高玉米幼苗的耐热性(图 1)。这些耐逆性的形成可能是由于外源 Pro 预处理后，提高了内源 Pro 的含量(许晔等，2007；图 3A)和抗氧化酶活性(表 1)，缓解了逆境胁迫过程中抗氧化酶系统活性下降(Hoque 等，2007b；李忠光和龚明，2007；许晔等，2007)。上述结果表明，Pro 预处理提高抗氧化酶活性是热激诱导的玉米幼苗耐热性形成的生理基础之一。

参考文献

[1]　Ashraf M，Foolad MR. Roles of glycine betaine and proline in improving plant abiotic stress resistance [J]. *Environ Exp Bot*，2007，59：206-216.

[2]　Chen WP，Li PH. Membrane stabilization by abscisic acid under cold aids proline in alleviating chilling injury in maize (*Zea mays* L.) cultured cells [J]. *Plant Cell Environ*，2002，25：955-962.

[3]　Gong M，Chen SN，Song YQ，et al. Effect of calcium and calmodulin on intrinsic heat tolerance in relation to antioxidant systems in maize seedlings [J]. *Aust J Plant Physiol*，1997，24：371-379.

[4]　Gong M，Chen B，Li ZG，et al. Heat-shock-induced cross adaptation to heat，chilling，drought and salt stress in maize seedlings and involvement of H_2O_2

[J]. *J Plant Physiol*, 2001, 158: 1125-1130.

[5]　Heuer. Influence of exogenous application of proline and glycinebetaine on growth of salt-stressed tomato plants [J]. *Plant Sci*, 2003, 65: 693-699.

[6]　Hien DT, Jacobs M, Angenon G, et al. Proline accumulation and Δ^1-pyrroline-5-carboxylate synthetase gene properties in three rice cultivars differing in salinity and drought tolerance [J]. *Plant Sci*, 2003, 165: 1059-1068.

[7]　Hoque MA, Banu MNA, Okuma E, et al. Exogenous proline and glycinebetaine increase NaCl-induced ascorbate glutathione cycle enzymeactivities, and proline improves salt tolerancemore than glycinebetaine in tobacco Bright Yellow-2 suspension-cultured cells [J]. *J Plant Physiol*, 2007, 164: 1457-1468.

[8]　Hoque MA, Okuma E, Banu MNA, et al. Exogenous proline mitigates the detrimental effects of salt stress more than exogenous betaine by increasing antioxidant enzyme activities [J]. *J Plant Physiol*, 2007, 164: 553-561.

[9]　Kishor PBK, Sangam S, Amrutha RN et al. Regulation of proline biosynthesis, degradation, uptake and transport in higher plants: Its implications in plant growth and abiotic stress tolerance [J]. *Curr Sci*, 2005, 88: 424-438.

[10]　李忠光, 李江鸿, 杜朝昆, 等. 在单一提取系统中同时测定五种植物抗氧化酶[J]. 云南师范大学学报(自然科学版). 2002, 22(6): 44-48.

[11]　李忠光, 龚明. 抗氧化系统在热激诱导的玉米幼苗耐热性形成中的作用[J]. 云南植物研究, 2007, 29(2): 231-236.

[12]　Lin CC, Kao CH. Abscisic acid induced changes in cell wall peroxidase activity and hydrogen peroxide level in roots of rice seedlings [J]. *Plant Sci*, 2001, 160: 323-329.

[13]　Molinari HBC, Marur CJ, Daros E, et al. Evaluation of the stress-inducible production of proline in transgenic sugarcane (*Saccharum spp.*): osmotic adjustment, chlorophyl fluorescence and oxidative stress [J]. *Physiol Plant*, 2007, 130: 218-229.

[14]　Nanjo T, Fujita M, Seki M, et al. Toxicity of Free Proline Revealed in an *Arabidopsis* T-DNA-Tagged Mutant Deficient in Proline Dehydrogenase [J]. *Plant Cell Physiol*, 2003, 44: 541-548.

[15]　Rodriguez R, Redman R. Balancing the generation and elimination of reactive oxygen species [J]. *Proc Natl Acad Sci USA*, 2005, 102: 3175-3176.

[16]　Song SQ, Lei YB, Tian XR. Proline Metabolism and Cross-Tolerance to Salinity and Heat Stress in Germinating Wheat Seeds [J]. *Russian J Plant*

Physiol，2005，52：793-800.

［17］　Wahid A，Gelani S，Ashraf M，et al．Heat tolerance in plants：An overview ［J］．*Environ Exp Bot*，2007，61：199-223.

［18］　许晔，施国新，徐勤松，等．外源脯氨酸(Pro)对茶菱抗 Cd^{2+} 胁迫能力的影响 ［J］．植物研究，2007，27(2)：169-174.

第3章 热激诱导的玉米幼苗耐热性观察及其生理生化机制

3.1 实 验 背 景

由于植物在整个生长发育过程中并不是一帆风顺的,总会同时或相继遇到高温、低温、干旱、盐渍、水涝或病虫害侵染等非生物和生物逆境胁迫。这些非生物或生物胁迫伤害的共同特征是生物膜的损伤、氧化胁迫、水分胁迫和蛋白质变性。特别是植物体内超氧阴离子自由基($O_2 \cdot^-$)、过氧化氢(H_2O_2)、羟自由基($OH \cdot$)等活性氧(reactive oxygen species,ROS)的产生和清除平衡被打破后,导致植物体内 ROS 的积累,产生氧化胁迫,导致生物膜、核酸、蛋白质等生物大分子的破坏,最终导致细胞死亡。高温是限制粮食生产的主要胁迫因子之一,高温胁迫往往导致氧化胁迫,生物膜的过氧化作用,蛋白质结构的破坏和 DNA 的损伤。然而,植物体内由过氧化氢酶(CAT)、超氧化物歧化酶(SOD)、谷胱甘肽还原酶(GR)、抗坏血酸过氧化物酶(APX)和过氧化物酶(GPX)等组成的抗氧化酶系统以及由抗坏血酸(AsA)和谷胱甘肽等抗氧化剂组成的非酶系统对植物体内的 ROS 水平起着精密的调控作用,致使植物体内 ROS 保持在植物可以忍耐的生理水平。所以,逆境胁迫过程中抗氧化酶系统和非酶系统的维持是植物抵抗不良环境的重要生理基础之一。研究表明,以过氧化氢(H_2O_2)为代表的 ROS 在植物对非生物和生物逆境胁迫的信号感受、传导与适应过程中起重要作用。同时,植物遭受逆境胁迫时,植物体内可以合成一些新的蛋白质,称为逆境蛋白,如热激蛋白等,以及脯氨酸、甜菜碱、可溶性糖等渗透调节物质的积累,从而进一步增强植物对逆境的抵抗能力。本章围绕热激诱导的耐热性,通过测定一系列指标,阐明高温伤害及其适应机制。

3.2 实 验 目 的

研究表明,植物经过短时间(一般为几个小时)的亚致死强度的高温处理,即热激(heat shock,HS)后,可提高植物的耐热性和其他胁迫耐性。本章中在用伤害率、存活率、组织还原力、电解质渗漏率等指标证实热激可提高玉米幼苗耐热性形成的基础上,进一步从抗氧化系统与活性氧、热稳定蛋白、渗透调节物质(脯氨酸、甜菜碱和可溶性糖等)多个方面探讨热激诱导玉米幼苗耐热性形成的生理生化机制,系统掌握逆境伤害及获得抵抗的生理机理。

3.3　植物材料的培养和处理

实验 1　种子发芽率的测定(红墨水染色法和 TTC 法)

植物种子在贮存过程中由于遗传和环境的原因,其活力逐渐在衰退,在以种子或幼苗为研究对象的科学研究中,选择高活力的种子是整个科学研究的基础。在判定种子生命力或发芽率时,常用到染料法如红墨水染色法及 TTC 法等快速测定法。

1. 原理

判定种子有无生命,主要观察生命的雏形——胚。一方面是根据生物膜的完整性,即生物膜完好的活细胞对红墨水等大分子染料具有选择透过性,红墨水不能进入胚细胞,故胚不被染色,而生物膜遭到不同程度破坏的死细胞由于散失生物膜的选择透过性,红墨水能进入胚细胞因而胚被染色。在此实验中,由于胚乳是死的植物组织,故被染成红色。

另一方面是根据种子是否存在呼吸作用,呼吸作用本身是一个氧化还原的过程,在此过程中有些物质被氧化脱氢,而有些物质得到了氢被还原。氯化三苯基四氮唑(TTC)常常作为呼吸过程中脱氢酶的氢受体,无色的它被还原后即生成红色的三苯甲腙,故有生命的胚被染成红色,而死亡的胚由于不存在呼吸作用而不被染色。

2. 材料、仪器设备及试剂

(1) 材料　玉米种子。

(2) 仪器设备　刀片,烧杯,分析天平,水浴锅,吸量管,试管架。

(3) 试剂　5%红墨水或 0.1%曙红;0.5%TTC 溶液:准确称取 TTC 0.5 g,用磷酸盐缓冲溶液(100 mmol·L^{-1},pH 7.0)溶解并定容到 100 mL。

3. 实验步骤

(1) 种子吸胀　玉米种子预先在 25 ℃的培养箱里于蒸馏水中吸胀 12 h。

(2) 染色　随机取 100 粒种子,用刀片沿胚的中线切成两半,一半放入一只烧杯中,另一半放入另一只烧杯中,分别加入适量(淹没种子即可)的红墨水或 TTC 后,红墨水染色组于室温下染色 10 min,而 TTC 染色组于 30 ℃下水浴 20 min。

(3) 观察　时间到后,取出种子 TTC 染色组直接观察胚的着色情况,而红墨水染色组需用自来水漂洗种子至洗液无色为止,然后再观察胚的着色情况。

4. 结果计算

根据胚的着色情况(注意两种染色方法染色结果恰恰相反)计算玉米种子的发芽率:发芽率=(有活力的种子数/供试种子数)×100%。注意比较两种方法测定结果的差异。

5. 注意事项

(1) 种子切成两半后要分别放置,不能混在一起。

（2）红墨水染色时间不宜过长，温度较高时适当缩短染色时间。

6. 思考题

（1）除了此方法外，你还知道哪些测定种子发芽率的方法？

（2）什么是种子的生命力、发芽率、发芽势、发芽力、生活力、活力？它们有何区别和联系？

实验 2　　种子的萌发和幼苗伤害率与存活率的测定

1. 原理

植物经过短时间（一般为几小时）的亚致死强度的高温处理，即热激（heat shock,HS）后，可提高它对更高强度的温度胁迫的抵抗能力，即获得耐热性。表现出高温胁迫过程中生物膜过氧化程度的降低（即丙二醛含量的减少）和电解质渗漏的下降，以及植物组织活力下降缓解等，最终表现为恢复期间存活率和生长能力提高。

2. 材料、仪器设备及试剂

（1）材料　玉米种子。

（2）仪器设备　带盖白磁盘（24 cm×16 cm），人工气候箱或光照培养箱，烧杯，分析天平。

（3）试剂　0.1% $HgCl_2$。

3. 实验步骤

（1）玉米种子的萌发　取经上述发芽率快速测定的同一批次的玉米（*Zea Mays* L.）种子，以 0.1% $HgCl_2$ 消毒 10 min 后，漂洗干净，于 26 ℃下吸胀 12 h，播于垫有 6 层湿润滤纸的带盖白磁盘中，每盘 200～300 粒，于 26 ℃下黑暗中萌发 2.5～3 天，统计发芽率（注意与实验 1 所测得的发芽率做比较，看看有何不同）。选取长势一致的玉米幼苗做以下处理。

（2）热激和热胁迫　将上述玉米幼苗转入 42 ℃的培养箱中进行热激处理，时间为 4 h，热激结束后于 26 ℃下恢复培养 4 h，非热激（non-HS）的对照组玉米幼苗始终培养在 26 ℃的培养箱中，最后将热激和非热激的玉米幼苗同时转入 47 ℃高温下处理 17 h。处理过的玉米幼苗取出后观察胚芽鞘的变褐情况（受伤情况，计算出伤害率），然后于 26 ℃、12 h 光照的植物生长箱中恢复培养一周，统计存活率。

4. 结果计算

（1）伤害率的计算　伤害率＝（胚芽鞘变褐株数/总株数）×100%；

（2）存活率的计算　存活率＝（玉米幼苗恢复生长株数/总株数）×100%。以在恢复期间能够恢复生长并转绿的玉米幼苗视为存活的幼苗。

5. 注意事项

（1）用 0.1% $HgCl_2$ 消毒后，要冲洗干净种子表面吸附的消毒液，否则会影响幼苗的生长。

(2) 热胁迫过程中保持正常的水分供应,水分不宜过多,也不能产生干旱,且不同玉米品种的耐热性不一样,热胁迫强度可适当调整。

6. 思考题

(1) 除了用 0.1% $HgCl_2$ 消毒外,你还知道哪些测定种子的消毒方法?

(2) 什么是热激和热胁迫? 它们有何区别和联系?

(3) 实验中,伤害率与存活率有何差异? 为什么?

3.4　热激对玉米幼苗耐热性的影响

实验 3　组织活力的测定(TTC 法)

植物在遭受各种逆境胁迫时,由于其脱氢酶活性的下降,故组织还原力也存在不同程度的减弱。因此,植物逆境生理学研究中常用组织还原力表示其伤害情况。

1. 原理

氯化三苯基四氮唑(TTC)是标准氧化电位为 80 mV 的氧化还原色素,溶于水中成为无色溶液,但还原后即生成红色而不溶于水的三苯甲腙,三苯甲腙比较稳定,不会被空气中的氧自动氧化,所以 TTC 被广泛地用作脱氢酶实验的氢受体,植物组织中脱氢酶所引起的 TTC 还原,可因加入琥珀酸、延胡索酸和苹果酸得到增强,而被丙二酸和碘乙酸所抑制。所以 TTC 还原量能表示脱氢酶活性并作为植物组织如胚芽鞘、根系等组织活力的指标。

2. 材料、仪器设备及试剂

(1) 材料　取热激 0 h、热激 4 h 并恢复 4 h 和高温胁迫 17 h 的玉米幼苗。

(2) 仪器设备　分光光度计,高速离心机,分析天平,水浴锅,温箱,研钵,三角瓶,漏斗,量筒,吸量管,刻度试管,试管架,容量瓶,药勺,石英砂适量,烧杯。

(3) 试剂　95% 乙醇。次硫酸钠($Na_2S_2O_4$)。1% TTC 溶液:准确称取 TTC 1.0 g,溶于少量水中,定容到 100 mL,用时稀释至所需的浓度。磷酸盐缓冲溶液(1/15 mol · L^{-1},pH 7)。1 mol/L 硫酸:用量筒取相对密度为 1.84 的浓硫酸 55 mL,边搅拌边加入盛有 500 mL 蒸馏水的烧杯中,冷却后稀释至 1000 mL。0.4 mol · L^{-1} 琥珀酸:称取琥珀酸 4.72 g,溶于水中,定容至 100 mL 即成。

3. 实验步骤

(1) TTC 标准曲线的制作　取 0.4% TTC 溶液 0.2 mL 放入 10 mL 容量瓶中,加少许 $Na_2S_2O_4$ 粉,摇匀后立即产生红色的三苯甲腙。再用乙醇定容至刻度,摇匀。然后分别取此液 0.25 mL、0.50 mL、1.00 mL、1.50 mL、2.00 mL 置于 10 mL 容量瓶中,用乙醇定容至刻度,即得到含三苯甲腙 25 μg、50 μg、100 μg、150 μg、200 μg 的标准比色系列,以空白实验作参比,在 485 nm 波长下测定吸光度,绘制标准曲线。

（2）显色　分别称取胚芽鞘 0.5 g，放入试管中，加入 0.4% TTC 溶液和磷酸盐缓冲溶液的等量混合液 5 mL，抽气，把胚芽鞘充分浸没在溶液中，在 37 ℃下暗处保温 1～3 h，此后加入 1 mol·L^{-1} 硫酸 2 mL，以停止反应（与此同时做空白实验，先加硫酸，再加样品，其他操作同上）。

（3）三苯甲腙的提取和测定　把胚芽鞘取出，吸干水分后与 3～4 mL 乙醇和少量石英砂一起在研钵内磨碎，以提取三苯甲腙。红色提取液移入试管，置于 80 ℃水浴锅中抽提三苯甲腙 10 min，冷却后用 95% 乙醇定容到 25 mL，于 5000×g 离心 10 min 后，于 485 nm 波长处测定 A_{485}。以空白实验作参比测定吸光度，查标准曲线，即可求出四氮唑还原量。

4. 结果计算

四氮唑还原强度（mg·g^{-1}·h^{-1}）＝四氮唑还原量（mg）/［鲜重（g）×时间（h）］

5. 注意事项

（1）取材要有代表性，切取胚芽鞘的时候长度应尽量一致，最好以 1 cm 左右为宜。

（2）可根据材料活力的大小，延长或缩短显色时间。

6. 思考题

（1）除了 TTC 法以外，你还知道哪些测定植物组织活力的方法？

（2）TTC 法用于测定植物组织活力和种子发芽率（实验 1）有何区别和联系？

实验 4　细胞质膜透性的检测（电导仪法）

植物组织在受到各种不利的环境条件即逆境（如干旱、低温、高温、盐渍和大气污染）危害时，细胞膜是逆境感受和伤害的原初位点，其结构和功能首先受到伤害，细胞膜透性增大。若将受伤害的组织浸入去离子水中，其外渗液中电解质的含量比正常组织外渗液中含量增加。组织受伤害越严重，电解质含量增加越多。用电导仪测定外渗液电导值的变化，可反映出质膜受伤害的程度，也可以反映植物组织抗逆性的强弱。

1. 原理

植物细胞膜对维持细胞的微环境和正常的代谢起着重要的作用。在正常情况下，细胞膜对物质具有选择透性。当植物受到逆境影响时，如高温或低温、干旱、盐渍、病原菌侵染后，细胞膜遭到破坏，膜透性增大，从而使细胞内的电解质外渗，以致植物细胞浸提液的电导率增大。膜透性增大的程度与逆境胁迫强度有关，也与植物抗逆性的强弱有关。这样，比较不同作物或同一作物不同品种在相同胁迫温度下膜透性的增大程度，即可比较作物间或品种间的抗逆性强弱，因此，电导法目前已成为作物抗性栽培、育种上鉴定植物抗逆性强弱的一种精确而实用的方法。

2．材料、仪器设备及试剂

（1）材料　取热激 0 h、热激 4 h 并恢复 4 h 和高温胁迫 17 h 的玉米幼苗。

（2）仪器设备　Delta 326 电导仪，水浴锅，试管架，烧杯。

3．实验步骤

（1）取材　分别称上述处理时间段 1.0 cm 长的玉米幼苗根尖 0.2 g，先用去离子水冲洗，最后用洁净的滤纸擦去水分，放入试管中，加 10 mL 去离子水。

（2）抽气及培养　将上述材料放于真空干燥器中，用真空泵抽气 10 min，以抽出细胞间隙空气。在室温下保持 30 min，每隔几分钟振荡一次。

（3）测定　到时用 Delta 326 电导仪测出初值（L_1），测定之后，将试管放入沸水中 10 min 以杀死组织，待冷至室温后定容到同样的体积，再次测定出终值（L_2）。

4．结果计算

根据公式：相对电导率＝（L_1/L_2）×100％，计算出生物膜相对伤害程度。

5．注意事项

（1）取材要有代表性，切取玉米幼苗根尖时长度应尽量一致，以保证受伤的横截面一样大，最好以 1 cm 左右为宜。另外，尽量减少对根系不必要的损伤。

（2）最好用去离子水或双蒸水洗涤材料，以减少背景值的干扰。

6．思考题

（1）除了电导法以外，你还知道哪些测定生物膜受伤害程度的方法？

（2）用电导法测定生物膜受伤害程度的原理是什么？

实验 5　生物膜过氧化程度的鉴定（丙二醛法）

植物器官衰老或在逆境下遭受伤害，往往发生膜脂过氧化作用，丙二醛（MDA）是膜脂过氧化的最终分解产物，其含量可以反映植物遭受逆境伤害的程度。MDA 从膜上产生的位置释放出后，与蛋白质、核酸起反应修饰其特征，使纤维素分子间的桥键松弛，或抑制蛋白质的合成。MDA 的积累可能对膜和细胞造成一定的伤害。

1．原理

MDA 是常用的膜脂过氧化指标，在酸性和高温条件下，可以与硫代巴比妥酸（TBA）反应生成红棕色的三甲川（3,5,5-三甲基噁唑-2,4-二酮），其最大吸收波长在 532 nm。但是测定植物组织中 MDA 时受多种物质的干扰，其中最主要的是可溶性糖，糖与 TBA 显色反应产物的最大吸收波长在 450 nm，532 nm 处也有吸收。植物遭受干旱、高温、低温等逆境胁迫时可溶性糖增加，因此测定植物组织中 MDA-TBA 反应物质含量时一定要排除可溶性糖的干扰。低浓度的铁离子能够显著增加 TBA 与蔗糖或 MDA 显色反应物在 532 nm、450 nm 处的吸光度值，所以在蔗糖、MDA 与 TBA 显色反应中需一定量的铁离子，通常植物组织中铁离子的含量为 100～300 μg • g^{-1} DW，根据植物样品量和提取液的体积，加入 Fe^{3+} 的终浓度为 0.5 μmol • L^{-1}。

（1）直线回归法　MDA 与 TBA 显色反应产物在 450 nm 波长下的吸光度值为零。不同浓度的蔗糖（0～25 mmol·L^{-1}）与 TBA 显色反应产物在 450 nm 的吸光度值与 532 nm 和 600 nm 处的吸光度值之差成正相关，配制一系列浓度的蔗糖，与 TBA 显色反应后，测定上述三个波长处的吸光度值，求其直线方程，可求算糖分在 532 nm 处的吸光度值。UV-2000 型紫外可见分光光度计的直线方程为

$$Y_{532} = -0.00198 + 0.088A_{450} \qquad ①$$

样品显色后测定 450 nm、532 nm 和 600 nm 的吸光度，根据方程①求出该样品中糖分在 532 nm 处的吸光值 Y_{532}，用 532 nm 和 600 nm 的吸光值之差再减去 Y_{532}，即可得 MDA-TBA 反应产物在 532 nm 处的吸光值，用该值可进一步计算植物样品中的 MDA 含量。

（2）双组分分光光度法　根据朗伯-比尔定律：$A = kCL$，当液层厚度为 1 cm 时，$k = A/C$，k 称为该物质的摩尔吸光系数。当某一溶液中有数种吸光物质时，某一波长下的吸光度值等于此混合液在该波长下各显色物质的吸光度之和。

已知蔗糖与 TBA 显色反应产物在 450 nm 和 532 nm 波长下的毫摩尔吸光系数分别为 85.40 L·mmol^{-1}·cm^{-1} 和 7.40 L·mmol^{-1}·cm^{-1}。MDA 在 450 nm 波长下无吸收，故该波长的毫摩尔吸光系数为 0，532 nm 波长下的毫摩尔吸光系数为 155 L·mmol^{-1}·cm^{-1}，根据双组分分光光度法建立方程组，求解方程组得计算公式：

$$C_1 = 11.71A_{450} \qquad ②$$
$$C_2 = 6.45(A_{532} - A_{600}) - 0.56A_{450} \qquad ③$$

式中：C_1 为可溶性糖的浓度（mmol/L）；

C_2 为 MDA 的浓度（μmol/L）；

A_{450}、A_{532}、A_{600} 分别代表 450 nm、532 nm 和 600 nm 波长下的吸光度值。

2. 材料、仪器设备及试剂

（1）材料　取热激 0 h、热激 4 h 并恢复 4 h 和高温胁迫 17 h 的玉米幼苗。

（2）仪器设备　紫外可见分光光度计，高速冷冻离心机，分析天平，水浴锅，研钵，量筒，吸量管，刻度试管，试管架，容量瓶，药勺，石英砂适量，烧杯。

（3）试剂　20％三氯乙酸（TCA）。0.6％硫代巴比妥酸：先加少量的氢氧化钠（1 mol·L^{-1}）溶解，再用 20％的三氯乙酸定容。0.1％ TCA。石英砂。

3. 实验步骤

（1）MDA 的提取　称取上述材料 1 g，加入 2 mL 0.1％ TCA 和少量石英砂，研磨至匀浆，再加适量 TCA 进一步研磨，匀浆转移到 5 mL 离心管中，在 5000 r/min 离心 10 min，上清液为 MDA 提取液。

（2）显色反应和测定　吸取离心的上清液 1 mL（空白加 1 mL 0.1％ TCA），加入 3 mL 0.6％ TBA 溶液，混匀物于沸水浴上反应 30 min，迅速冷却后在 5000 r/min 离心 10 min。取上清液测定 532 nm、600 nm 和 450 nm 波长下的吸光度。

4. 结果计算

(1) 直线方程法　按公式①求出样品中糖分在 532 nm 处的吸光度值 Y_{532},用实测 532 nm 的吸光度值减去 600 nm 非特异吸收的吸光度值再减去 Y_{532},其差值为测定样品中 MDA-TBA 反应产物在 532 nm 的吸光度值。按 MDA 在 532 nm 处的毫摩尔吸光系数为 155 换算求出提取液中 MDA 浓度。

(2) 双组分分光光度法　按公式③可直接求得植物样品提取液中 MDA 的浓度。

用上述任一方法求得 MDA 的浓度,根据植物组织的重量计算测定样品中 MDA 的含量(以鲜重计,后同):

$$MDA(\mu mol \cdot g^{-1}) = \frac{MDA\ 浓度(\mu mol \cdot L^{-1}) \times 提取液体积(mL)}{植物组织鲜重(g) \times 1000}$$

5. 注意事项

(1) 显色反应温度最好在 90 ℃以上。

(2) 最好选用紫外可见分光光度计。

6. 思考题

(1) 除了 MDA 法以外,你还知道哪些测定生物膜受伤害程度的方法?

(2) 用 MDA 法和电导法测定生物膜受伤害程度有何区别和联系?

3.5　抗氧化系统在热激诱导玉米幼苗耐热性形成中的作用

实验 6　过氧化氢酶(CAT)活性的测定(紫外吸收法)

1. 原理

过氧化氢在 240 nm 波长下有强烈吸收,过氧化氢酶能分解过氧化氢,使反应溶液吸光度(A_{240})随反应时间增加而降低。根据测量吸光度的变化速度即可测出过氧化氢酶的活性。

2. 材料、仪器设备及试剂

(1) 材料　取热激 0 h、热激 4 h 并恢复 4 h 和高温胁迫 17 h 的玉米幼苗。

(2) 仪器设备　紫外可见分光光度计,高速冷冻离心机,微量加样器,分析天平,水浴锅,研钵,量筒,吸量管,刻度试管,试管架,容量瓶,药勺。

(3) 试剂　酶提取液(50 mmol · L^{-1} Tris-HCl 缓冲溶液,pH 7.0,内含 1 mmol · L^{-1} EDTA,1%聚乙烯吡咯烷酮(PVP),5 mmol · L^{-1} MgCl$_2$)。0.1 mol · L^{-1} H$_2$O$_2$:市售 30% H$_2$O$_2$ 大约等于 17.6 mol · L^{-1},取 30% H$_2$O$_2$ 溶液 5.68 mL,稀释至 1000 mL,用标准 0.1 mol · L^{-1} KMnO$_4$ 溶液(在酸性条件下)进行标定。CAT 反应混合液(50 mmol · L^{-1} Tris-HCl 缓冲溶液,pH 7.0,内含 0.1 mmol · L^{-1} EDTA)。

3. 实验步骤

(1) 酶液的提取 分别称取热激 0 h(热激前)、热激 4 h 并恢复 4 h 和 48 ℃ 高温处理 17 h 的黄化玉米幼苗 0.5 g,加入预冷的酶提取液 3 mL 和少许石英砂,充分冰浴研磨后,转入离心管中,再用 2 mL 酶提取液洗研钵,合并提取液并于 4 ℃ 下 10000 ×g 离心 20 min,将上清液定容到 5 mL,直接进行酶活性分析或分装后于 -85 ℃ 液氮冷冻保存备用。

(2) CAT 活性的测定 取反应混合液 2.900 mL,加入酶液 50 μL,封口并于 25 ℃ 水浴中预热 5 min,到时加入 750 mmol·L^{-1} H$_2$O$_2$ 50 μL(终浓度为 12.5 mmol·L^{-1})以启动反应,终体积为 3 mL,每隔 30 s 读出 A_{240} 的减少值。取 0.5~3.5 min 时间段,即 3 min 反应时间来计算酶活性。

4. 结果计算

由于 H$_2$O$_2$ 在 240 nm 处的毫摩尔吸光系数 ε 为 42 L·mmol^{-1}·cm^{-1},所以可以根据朗伯-比尔定律计算 CAT 活性,用 μmol·g^{-1}·min^{-1} 表示 CAT 活性。

$$CAT \text{ 活性}(\mu mol \cdot g^{-1} \cdot min^{-1}) = \frac{A_{240}}{\varepsilon \times t \times w} \times V_t \times \frac{V_1}{V_2}$$

式中:A_{240} 为 240 nm 波长处的吸光度;

ε 为 H$_2$O$_2$ 在 240 nm 处的毫摩尔吸光系数,即 42 L·mmol^{-1}·cm^{-1};

t 为酶促反应时间,即 3 min;

V_t 为反应液的总体积,即 3 mL;

V_1 为酶液的总体积,即 5 mL;

V_2 为所用酶液的体积,即 0.05 mL;

w 为材料的鲜重(g)。

5. 注意事项

(1) 离心后的上清液(酶液)应定容到一个准确的体积,以便于计算酶活性。

(2) 提取和离心过程最好在 4 ℃ 下进行,而反应体系中所涉及的溶液最好先在 25 ℃ 下预热。

6. 思考题

(1) 除了紫外吸收法以外,你还知道哪些测定 CAT 活性的方法?

(2) 为何用 0.5~3.5 min 时间段,即 3 min 反应时间来计算酶活性?

实验 7 超氧化物歧化酶(SOD)活性的测定(NBT 法)

1. 原理

超氧化物歧化酶(superoxide dismutase,SOD)普遍存在于动、植物体内,是一种清除超氧阴离子自由基的酶。本实验依据超氧化物歧化酶抑制氮蓝四唑(NBT)在光下的还原作用来确定酶活性大小。在有氧化物质存在下,核黄素可被光还原,被还原的核黄素在有氧条件下极易再氧化而产生 O$_2$·$^-$,可将氮蓝四唑还原为蓝色的甲腙,后者在 560 nm 处有最大吸收。而 SOD 可清除 $O_2 \cdot^-$,从而抑制了甲腙的形成。于是光还原反应后,反应液蓝色愈深,说明酶活性愈低,反之酶活性愈高。据此可以计算出酶活性大小。

2. 材料、仪器设备及试剂

(1) 材料　取热激 0 h,热激 4 h 并恢复 4 h 和高温胁迫 17 h 的玉米幼苗。

(2) 仪器设备　紫外可见分光光度计,高速冷冻离心机,分析天平,微量加样器,水浴锅,研钵,量筒,吸量管,刻度试管,试管架,容量瓶,药勺。

(3) 试剂　酶提取液(同实验 5);13.0 mmol · L^{-1} 蛋氨酸(Met)溶液;0.1 mmol · L^{-1} 氮蓝四唑溶液(避光保存);1 mmol · L^{-1} EDTA-Na$_2$ 溶液;0.1 mmol · L^{-1} 核黄素溶液(避光保存)。上述试剂均用内含 0.1 mmol · L^{-1} EDTA 的 pH 7.8 的 50 mmol · L^{-1} Tris-HCl 缓冲溶液配制。

3. 实验步骤

(1) 酶液的提取　同实验 6。

(2) SOD 活性的测定　取反应混合液(50 mmol · L^{-1} Tris-HCl 缓冲溶液,pH7.8,内含 0.1 mmol · L^{-1} EDTA,10 μmol · L^{-1} NBT,13.0 mmol · L^{-1} 蛋氨酸)和 0.1 mmol · L^{-1} 核黄素溶液预先于 25 ℃ 水浴中预热。取反应混合液 2.85 mL(最大光还原管为 2.90 mL,不加酶液;空白管与最大光还原管相同但用黑布包住),加入酶液 50 μL,再加入核黄素溶液 100 μL,终体积为 3 mL,25 ℃ 下于光照培养箱(光强约 4000 lx)中进行光化还原反应 20 min,到时用黑布蒙住,在无灯光照射的室内快速测定 A_{560}。

4. 结果计算

已知 SOD 活性单位以抑制 NBT 光化还原的 50% 为一个酶活性单位(U)表示,按下式计算 SOD 活性。

$$SOD 活性(U \cdot g^{-1}) = \frac{(A_{ck} - A_E) \times V}{A_{ck} \times 0.5 \times w \times V_t}$$

式中:A_{ck} 为最大光还原管的吸光度;

　　A_E 为加入酶液管的吸光度;

　　V_t 为所用酶液的体积,即 0.05 mL;

　　V 为酶液的总体积,即 5 mL;

　　0.5 为酶活力单位,即以抑制 NBT 光化还原的 50% 为一个酶活性单位(U);

　　w 为材料的鲜重(g)。

5. 注意事项

同实验 6。

6. 思考题

(1) 除了 NBT 法以外,你还知道哪些测定 SOD 活性的方法?

(2) 什么是酶活力? 国际单位如何定义?

实验 8　抗坏血酸过氧化物酶(APX)活性的测定(紫外吸收法)

1. 原理

APX 催化抗坏血酸(AsA)与 H_2O_2 反应,使 AsA 氧化成单脱氢抗坏血酸(MDAsA)。随着 AsA 被氧化,溶液中 290 nm 波长下的吸光度值(A_{290})下降,根据单位时间内 A_{290} 减少值,计算 APX 活性。AsA 氧化量按毫摩尔吸光系数 ε 为 2.8 L $\cdot$ $mmol^{-1}$ $\cdot$ cm^{-1} 计算,酶活性可用 $\mu mol \cdot g^{-1} \cdot min^{-1}$ 表示。

2. 材料、仪器设备及试剂

(1) 材料　取热激 0 h、热激 4 h 并恢复 4 h 和高温胁迫 17 h 的玉米幼苗。

(2) 仪器设备　紫外可见分光光度计,高速冷冻离心机,微量加样器,分析天平,水浴锅,研钵,量筒,吸量管,刻度试管,试管架,容量瓶,药勺。

(3) 试剂　酶提取液(50 mmol $\cdot$ L^{-1} Tris-HCl 缓冲溶液,pH 7.0,1 mmol $\cdot$ L^{-1} EDTA,1% 聚乙烯吡咯烷酮,5 mmol $\cdot$ L^{-1} $MgCl_2$,1 mmol $\cdot$ L^{-1} AsA);APX 反应混合液(50 mmol $\cdot$ L^{-1} Tris-HCl 缓冲溶液,pH 7.0,内含 0.1 mmol $\cdot$ L^{-1} EDTA,0.1 mmol $\cdot$ L^{-1} H_2O_2);30 mmol $\cdot$ L^{-1} AsA。

3. 实验步骤

(1) 酶液的提取　同实验 6。

(2) APX 活性的测定　取反应混合液 2.900 mL,加入酶液 50 μL,摇匀并调零,封口并于 25 ℃水浴中预热 5 min,到时加入 30 mmol $\cdot$ L^{-1} AsA 50 μL(终浓度为 0.5 mmol $\cdot$ L^{-1})以启动反应,终体积为 3 mL,每隔 10 s 读出 A_{290} 的减少值。取 10~60 s 时间段,即 50 s 反应时间来计算酶活性。

4. 结果计算

由于 AsA 在 290 nm 处的毫摩尔吸光系数 ε 为 2.8 L $\cdot$ $mmol^{-1}$ $\cdot$ cm^{-1},所以可以根据朗伯-比尔定律计算 APX 活性,用 $\mu mol \cdot g^{-1} \cdot min^{-1}$ 表示 APX 活性。

$$\text{APX 活性}(\mu mol \cdot g^{-1} \cdot min^{-1}) = \frac{A_{290}}{\varepsilon \times t \times w} \times \frac{V_t}{1000} \times \frac{V_1}{V_2}$$

式中:A_{290} 为 290 nm 波长处的吸光度;

ε 为 AsA 在 290 nm 处的毫摩尔吸光系数,即 2.8 L $\cdot$ $mmol^{-1}$ $\cdot$ cm^{-1};

t 为酶促反应时间,即 50 s;

V_t 为反应液的总体积,即 3 mL;

V_1 为酶液的总体积,即 5 mL;

V_2 为所用酶液的体积,即 0.05 mL;

w 为材料的鲜重(g)。

5. 注意事项

同实验 6。

6. 思考题

(1) 除了紫外吸收法以外,你还知道哪些测定 APX 活性的方法?

(2) 什么是摩尔吸光系数? 什么是比吸光系数? 二者有何区别和联系?

实验 9　过氧化物酶(GPX)活性的测定(愈创木酚法)

1. 原理

GPX 以 H_2O_2 为电子受体,催化愈创木酚(又叫邻甲氧基苯酚)氧化形成红棕色的四邻甲氧基苯酚,此物质在 470 nm 处有最大吸收,因此可根据四邻甲氧基苯酚单位时间内 A_{470} 增加值,计算 GPX 活性。四邻甲氧基苯酚按毫摩尔吸光系数 $\varepsilon = 26.6$ $L \cdot mmol^{-1} \cdot cm^{-1}$ 计算,酶活性可用 $\mu mol \cdot g^{-1} \cdot min^{-1}$ 表示。

2. 材料、仪器设备及试剂

(1) 材料　取热激 0 h、热激 4 h 并恢复 4 h 和高温胁迫 17 h 的玉米幼苗。

(2) 仪器设备　紫外可见分光光度计,高速冷冻离心机,微量加样器,分析天平,水浴锅,研钵,量筒,吸量管,刻度试管,试管架,容量瓶,药勺。

(3) 试剂　酶提取液(50 mmol $\cdot$ L^{-1} Tris-HCl 缓冲溶液,pH 7.0,1 mmol $\cdot$ L^{-1} EDTA,1% 聚乙烯吡咯烷酮(PVP),5 mmol $\cdot$ L^{-1} $MgCl_2$);GPX 反应混合液(50 mmol $\cdot$ L^{-1} Tris-HCl 缓冲溶液,pH 7.0,内含 0.1 mmol $\cdot$ L^{-1} EDTA,10 mmol $\cdot$ L^{-1} 愈创木酚,5 mmol $\cdot$ L^{-1} H_2O_2)。

3. 实验步骤

(1) 酶液的提取　同实验 6。

(2) GPX 活性的测定　取反应混合液 2.950 mL,立即加入酶液 50 μL 以启动反应,终体积为 3 mL,每隔 30 s 读出 A_{470} 的增加值。取 0.5~3.5 min 时间段,即 3 min 反应时间来计算酶活性。

4. 结果计算

由于四邻甲氧基苯酚在 470 nm 处的毫摩尔吸光系数 ε 为 26.6 L $\cdot mmol^{-1} \cdot cm^{-1}$,所以可以根据朗伯-比尔定律计算 GPX 活性,用 $\mu mol \cdot g^{-1} \cdot min^{-1}$ 表示 GPX 活性。

$$GPX 活性(\mu mol \cdot g^{-1} \cdot min^{-1}) = \frac{A_{470}}{\varepsilon \times t \times w} \times \frac{V_t}{1000} \times \frac{V_1}{V_2}$$

式中:A_{470} 为 470 nm 波长处的吸光度;

ε 为四邻甲氧基苯酚在 470 nm 处的毫摩尔吸光系数,即 26.6 L $\cdot mmol^{-1} \cdot cm^{-1}$;

t 为酶促反应时间,即 3 min;

V_t 为反应液的总体积,即 3 mL;

V_1 为酶液的总体积,即 5 mL;

V_2 为所用酶液的体积,即 0.05 mL;

w 为材料的鲜重(g)。

5. 注意事项

同实验 6。

6. 思考题

(1) 除了愈创木酚法以外,你还知道哪些测定 GPX 活性的方法?

(2) GPX 分为哪些类型? 它们的生理功能有何区别和联系?

实验 10　谷胱甘肽还原酶(GR)活性的测定(紫外吸收法)

1. 原理

GR 以 NADPH 为电子供体,还原氧化型谷胱甘肽(GSSG)为还原型谷胱甘肽(GSH)的同时,被氧化为氧化型辅酶 Ⅱ(NADP$^+$),由于 NADPH 在 340 nm 处有最大吸收,因此可根据 NADPH 单位时间内 A_{340} 减少值,计算 GR 活性。NADPH 按毫摩尔吸光系数 ε 为 6.2 L·mmol^{-1}·cm^{-1} 计算,酶活性可用 μmol·g^{-1}·min^{-1} 表示。

2. 材料、仪器设备及试剂

(1) 材料　取热激 0 h、热激 4 h 并恢复 4 h 和高温胁迫 17 h 的玉米幼苗。

(2) 仪器设备　紫外可见分光光度计,高速冷冻离心机,微量加样器,分析天平,水浴锅,研钵,量筒,吸量管,刻度试管,试管架,容量瓶,药勺。

(3) 试剂　酶提取液(50 mmol·L^{-1} Tris-HCl 缓冲溶液,pH7.0,1 mmol·L^{-1} EDTA,1%聚乙烯吡咯烷酮,5 mmol·L^{-1} MgCl$_2$);GR 反应混合液(50 mmol·L^{-1} Tris-HCl 缓冲溶液,pH7.5,内含 0.1 mmol·L^{-1} EDTA,5 mmol·L^{-1} MgCl$_2$);10 mmol·L^{-1} NADPH$_2$;10 mmol·L^{-1} GSSG。

3. 实验步骤

(1) 酶液的提取　同实验 6。

(2) GR 活性的测定　取反应混合液 780 μL,加入酶液 150 μL、10 mmol·L^{-1} NADPH 20 μL(终浓度为 0.2 mmol·L^{-1})及 10 mmol·L^{-1} GSSG 50 μL(终浓度为 0.5 mmol·L^{-1})以启动反应,终体积为 1 mL,每隔 30 s 读出 A_{340} 的减少值。取 0.5～3.5 min 时间段,即 3 min 反应时间来计算酶活性。

4. 结果计算

由于 NADPH 在 340 nm 处的毫摩尔吸光系数 ε 为 6.2 L·mmol^{-1}·cm^{-1},所以可以根据朗伯-比尔定律计算 GR 活性,用 μmol·g^{-1}·min^{-1} 表示 GR 活性。

$$GR\ 活性(\mu mol \cdot g^{-1} \cdot min^{-1}) = \frac{A_{340}}{\varepsilon \times t \times w} \times \frac{V_t}{1000} \times \frac{V_1}{V_2}$$

式中:A_{340} 为 340 nm 波长处的吸光度;

ε 为 NADPH 在 340 nm 处的毫摩尔吸光系数,即 6.2 L·mmol^{-1}·cm^{-1};

t 为酶促反应时间,即 3 min;

V_t 为反应液的总体积,即 1 mL;

V_1 为酶液的总体积,即 5 mL;

V_2 为所用酶液的体积,即 0.15 mL;

w 为材料的鲜重(g)。

5. 注意事项

同实验 6。

6. 思考题

(1) 紫外吸收法为何能用 NADPH 表示 GR 的活性?

(2) 酶活性的单位有鲜重(FW)、干重(DW)、蛋白质等表示方式,它们有何区别和联系?

实验 11 抗坏血酸(AsA/DHA)含量的测定(比色法)

1. 原理

在酸性条件下,还原型抗坏血酸(AsA)可以把铁离子还原成亚铁离子,亚铁离子与双吡啶反应,形成红色螯合物,在 525 nm 波长处的吸光度值与 AsA 含量正相关,故可用比色法测定。脱氢抗坏血酸(DHA)可由二硫苏糖醇(DTT)还原成 AsA,而多余的 DTT 又可被乙基马来酰亚胺清除。测定总抗坏血酸总量,从中减去 AsA 含量即为 DHA 含量。

2. 材料、仪器设备及试剂

(1) 材料 取热激 0 h、热激 4 h 并恢复 4 h 和高温胁迫 17 h 的玉米幼苗。

(2) 仪器设备 紫外可见分光光度计,高速冷冻离心机,微量加样器,分析天平,水浴锅,研钵,量筒,吸量管,刻度试管,试管架,容量瓶,药勺。

(3) 试剂 抗氧化剂提取液(5%磺基水杨酸);1.84 mol·L^{-1} 三乙醇胺;内含 2.5 mmol·L^{-1} EDTA pH 7.5 的 50 mmol·L^{-1} 磷酸盐缓冲溶液;10 mmol·L^{-1} DTT;0.5%乙基马来酰亚胺;10% TCA;44%磷酸;4%双吡啶(用 70%乙醇配制);3% $FeCl_3$。

3. 实验步骤

(1) 抗氧化剂的提取 分别称取热激 0 h(热激前)、热激 4 h 并恢复 4 h 和 48 ℃ 高温处理 17 h 的黄化玉米幼苗 0.5 g,加入预冷的 5%磺基水杨酸 2.5 mL 和少许石英砂,充分冰浴研磨后,转入离心管中,于 4 ℃下 10000×g 离心 20 min,将上清液定容到 3 mL,直接进行 AsA/DHA 分析,或分装后于 −85 ℃ 液氮冷冻保存备用。

(2) 总抗坏血酸(AsA+DHA)的测定 取 100 μL 上清液,加入 24 μL 1.84 mol·L^{-1} 三乙醇胺以中和样液,加入 250 μL 50 mmol·L^{-1} 磷酸盐缓冲溶液(pH7.5,内含 2.5 mmol·L^{-1} EDTA),加入 50 μL 10 mmol·L^{-1} DTT,25 ℃ 保温 10 min,使 DHA 还原为 AsA,加入 0.5%乙基马来酰亚胺 50 μL,混匀,以除去剩余的 DTT,此时分别加入 10%TCA、44%磷酸和 4%双吡啶(用 70%乙醇配制)各 200 μL,混匀,加

入 3% $FeCl_3$ 100 μL,混匀,40 ℃水浴 40 min,到时在 525 nm 处测出吸光度值。

(3) AsA 的测定　操作步骤同上,只要把上述的 DTT 和乙基马来酰亚胺用等体积的蒸馏水替代即可。以 5%磺基水杨酸为溶剂配制浓度为 0 mg · L^{-1}、2 mg · L^{-1}、4 mg · L^{-1}、6 mg · L^{-1}、8 mg · L^{-1}、10 mg · L^{-1}的 AsA 系列标准液,用同样的方法制作 AsA 标准曲线。

4. 结果计算

从标准曲线中查出相应的 AsA 浓度,用 μmol · g^{-1} 分别表示总的抗坏血酸含量(AsA+DHA)、还原型抗坏血酸含量(AsA)和氧化型抗坏血酸含量(DHA),可求出不同处理材料中还原型抗坏血酸所占的百分比(%)。

$$AsA \text{ 含量}(\mu mol \cdot g^{-1}) = \frac{C}{w} \times \frac{V_t}{176 \times 1000}$$

式中:C 为标准曲线上查出的 AsA 浓度(mg/L);

　V_t 为提取液的总体积,即 3 mL;

　w 为材料的鲜重(g)。

5. 注意事项

(1) 离心后的上清液应定容到一个准确的体积,以便于含量的计算。

(2) 抗坏血酸的提取液(AsA 粗提液)应中和到 7.0 左右后,才能进行显色反应。

6. 思考题

(1) 除了此法外,你还知道哪些测定 AsA 的方法?

(2) 实验中为何要加入 DTT 和乙基马来酰亚胺?若不加这两种试剂,实验结果将如何?

实验 12　谷胱甘肽(GSH/GSSG)含量的测定(比色法)

1. 原理

1 mol 还原型谷胱甘肽(GSH)与 1 mol 二硫硝基苯甲酸(DTNB)反应后,形成 1 mol 的黄色产物——硫硝基苯甲酸,此物质在 412 nm 处有最大吸收,因此在没有 GSSG(氧化型谷胱甘肽)干扰的情况下,可根据硫硝基苯甲酸生成的量来计算 GSH 的量。在此反应中,GSH 被氧化。但是如果在反应体系中加入供氢体 NADPH 和谷胱甘肽还原酶,被氧化的谷胱甘肽又重新被还原为 GSH,GSH 再次与 DTNB 反应,从而形成 DTNB—GR 循环,此循环也可以通过 GR 底物 GSSG 来启动。因此,利用 DTNB—GR 循环不仅可以测定 GSH 的含量,而且还可以测定 GSSG 的含量。在 GSSG 的测定中,预先在反应体系中加入过量的乙烯吡啶,乙烯吡啶可以分解 GSH,从而消除 GSH 的干扰,但乙烯吡啶对测定结果无任何影响。这时,整个 DTNB—GR 循环仅仅在 GSSG 的推动下进行,故可以定量测定 GSSG 的含量。GSH 和 GSSG 之和即为总的谷胱甘肽含量(GSH+GSSG)。

2. 材料、仪器设备及试剂

（1）材料　取热激 0 h、热激 4 h 并恢复 4 h 和高温胁迫 17 h 的玉米幼苗。

（2）仪器设备　紫外可见分光光度计，高速冷冻离心机，微量加样器，分析天平，水浴锅，研钵，量筒，吸量管，刻度试管，试管架，容量瓶，药勺。

（3）试剂　抗氧化剂提取液（5％磺基水杨酸）；1.84 mol·L^{-1} 三乙醇胺；10％乙烯吡啶（用 70％乙醇配制）；内含 2.5 mmol·L^{-1} EDTA pH 7.5 的 50 mmol·L^{-1} 磷酸盐缓冲溶液；10 mmol·L^{-1} NADPH；12.5 mmol·L^{-1} DTNB；50 U·L^{-1} GR。

3. 实验步骤

（1）抗氧化剂的提取　分别称取热激 0 h（热激前）、热激 4 h 并恢复 4 h 和 48 ℃高温处理 17 h 的黄化玉米幼苗 0.5 g，加入预冷的 5％磺基水杨酸 2.5 mL 和少许石英砂，充分冰浴研磨后，转入离心管中，于 4 ℃下 10000×g 离心 20 min，将上清液定容到 3 mL，直接进行 GSH/GSSG 分析，或分装后于 −85 ℃液氮冷冻保存备用。

（2）GSSG 的测定　取 50 μL 上清液，用 5％磺基水杨酸定容至 100 μL（即加入 5％磺基水杨酸 50 μL），加入 24 μL 1.84 mol·L^{-1} 三乙醇胺以中和样液，加入 50 μL 10％乙烯吡啶（用 70％乙醇配制），25 ℃水浴 1 h，以除去 GSH，到时加入 706 μL 50 mmol·L^{-1} 磷酸盐缓冲溶液（pH7.5，内含 2.5 mmol·L^{-1} EDTA），加入 20 μL 10 mmol·L^{-1} NADPH$_2$ 和 80 μL 12.5 mmol·L^{-1} DTNB，混匀，25 ℃保温 10 min，到时加入 20 μL 50 U·L^{-1} GR，总体积为 1 mL，立即混匀，读出 412 nm 处 3 min 时的吸光度值。

（3）总谷胱甘肽（GSH＋GSSG）的测定　操作步骤同上，只要把上述的乙烯吡啶用等体积的蒸馏水替代即可。

（4）以 5％磺基水杨酸为溶剂，用同样的方法制作 GSSG 标准曲线。

4. 结果计算

从标准曲线中查出相应的 GSSG 浓度，用 μmol·g^{-1} 分别表示总的谷胱甘肽含量（GSH＋GSSG）、还原型谷胱甘肽含量（GSH）和氧化型谷胱甘肽含量（GSSG），可求出不同处理材料中还原型谷胱甘肽所占的百分比（％）。

$$GSSG\ 含量（μmol·g^{-1}）= \frac{C}{w} \times V_t$$

式中：C 为标准曲线上查出的 GSSG 浓度（mmol/L）；

　　　V_t 为提取液的总体积，即 3 mL；

　　　w 为材料的鲜重（g）。

5. 注意事项

（1）离心后的上清液应定容到一个准确的体积，以便于含量的计算。

（2）实验中，应严格控制 GSSG、DTNB、NADPH 和 GR 的用量。

6. 思考题

（1）DTNB 法除了测定 GSH 外，还可以测定哪些物质？

（2）实验中为何要加入乙烯吡啶？若不加这种试剂，实验结果将如何？

（3）能否直接用 DTNB 与提取液（假定含有 GSH）反应来测定 GSH 含量？

实验 13　硫化氢（H_2S）含量的测定

Ⅰ　二硫硝基苯甲酸法

1. 原理

硫化氢（H_2S）目前被认为是植物中一种新的信号分子，参与植物细胞的氧化还原平衡等多种生理过程。H_2S 易溶于水，1 mol H_2S 与 1 mol 二硫硝基苯甲酸（DTNB）反应后，形成 2 mol 黄色产物——硫硝基苯甲酸，此物质在 412 nm 处有最高吸收峰，并且在此波长处的毫摩尔吸光系数为 $\varepsilon_{412} = 27.2$ L·$mmol^{-1}$·cm^{-1}，因此可根据硫硝基苯甲酸生成的量来计算植物组织中 H_2S 的含量。实验中常用的 H_2S 供体有 NaHS、Na_2S、GYY4137 等，它们溶于水后可释放出 H_2S，H_2S 在水溶液中常解离为 H^+、HS^- 和 S^{2-}。

2. 材料、仪器设备及试剂

（1）材料　取热激 0 h、热激 4 h 并恢复 4 h 和高温胁迫 17 h 的玉米幼苗。

（2）仪器设备　紫外可见分光光度计，高速冷冻离心机，微量加样器，分析天平，水浴锅，研钵，量筒，吸量管，刻度试管，试管架，容量瓶，药勺。

（3）试剂　H_2S 提取液（内含 10 mmol·L^{-1} EDTA pH 7.0 的 100 mmol·L^{-1} 磷酸钾缓冲溶液）；20 mmol·L^{-1} DTNB；10 μmol·L^{-1} NaHS。

3. 实验步骤

（1）H_2S 的提取　分别称取热激 0 h（热激前）、热激 4 h 并恢复 4 h 和 48 ℃高温处理 17 h 的黄化玉米幼苗 0.5 g，加入预冷的提取液 1 mL 和少许石英砂，充分冰浴研磨后，转入离心管中，于 4 ℃下 12000×g 离心 15 min，用上清液进行 H_2S 测定。

（2）H_2S 的测定　取 200 μL 上清液，加入提取液 3760 μL，摇匀，再加入 40 μL 20 mmol·L^{-1} DTNB，摇匀 2 min，于 412 nm 波长处测定吸光度 A_{412}。

（3）标准曲线的制作　用 10 μmol·L^{-1} NaHS 配制 0 μmol·L^{-1}、2 μmol·L^{-1}、4 μmol·L^{-1}、6 μmol·L^{-1}、8 μmol·L^{-1}、10 μmol·L^{-1} NaHS 各 1 mL，分别取 200 μL，加入提取液 3760 μL，摇匀，再加入 40 μL 20 mmol·L^{-1} DTNB，摇匀 2 min，于 412 nm 波长处测定吸光度 A_{412}。以 NaHS 浓度为横坐标，A_{412} 为纵坐标，建立标准曲线或回归方程。

4. 结果计算

从标准曲线中查出相应的 H_2S 浓度,用 $\mu mol \cdot g^{-1}$ 表示 H_2S 含量。

$$H_2S 含量(\mu mol \cdot g^{-1}) = \frac{C}{w} \times \frac{V_t}{1000}$$

式中:C 为标准曲线上查出的 H_2S 浓度;

　　V_t 为提取液的总体积,即 $1\ mL$;

　　w 为材料的鲜重(g)。

5. 注意事项

(1) 离心后的上清液应定容到一个准确的体积,以便于含量的计算。

(2) 实验中,应严格控制 DTNB 的用量。

6. 思考题

用 DTNB 法分别测定 H_2S 和 GSH 含量,有何异同点?

Ⅱ　亚 甲 蓝 法

1. 原理

在 $FeCl_3$(作为氧化剂)存在的强酸性条件下,硫化氢(H_2S)与 N,N-二甲基对苯二胺(N,N-dimethyl-p-phenylenediamine)反应,形成蓝色的亚甲蓝(methylene blue),此物质在 $667\ nm$ 处有最大吸收,故可根据亚甲蓝生成的量来计算植物组织中 H_2S 的含量。此法专一性和灵敏性好,检测极限低于 $5\ \mu mol \cdot L^{-1}$,理想条件下可达到 $10\ nmol \cdot L^{-1}$。

2. 材料、仪器设备及试剂

(1) 材料　取热激 0 h、热激 4 h 并恢复 4 h 和高温胁迫 17 h 的玉米幼苗。

(2) 仪器设备　紫外可见分光光度计,高速冷冻离心机,微量加样器,分析天平,水浴锅,研钵,量筒,吸量管,刻度试管,试管架,容量瓶,药勺。

(3) 试剂　H_2S 提取液($100\ mmol \cdot L^{-1}$ 磷酸钾缓冲溶液(pH 7.4),内含 $10\ mmol \cdot L^{-1}$ EDTA 和 0.25% 醋酸锌);$50\ mmol \cdot L^{-1}$ $FeCl_3$(用 $1.2\ mol \cdot L^{-1}$ HCl 配制);$5\ mmol \cdot L^{-1}$ N,N-二甲基对苯二胺(用 $7.2\ mol \cdot L^{-1}$ HCl 配制);$10\ \mu mol \cdot L^{-1}$ Na_2S。

3. 实验步骤

(1) H_2S 的提取　分别称取热激 0 h(热激前)、热激 4 h 并恢复 4 h 和 48 ℃高温处理 17 h 的黄化玉米幼苗 1 g,加入预冷的提取液 3 mL 和少许石英砂,充分冰浴研磨后,转入离心管中,于 4 ℃下 12000×g 离心 15 min,用上清液进行 H_2S 测定。

(2) H_2S 的测定　取 2.4 mL 上清液,加入 0.3 mL 5 mmol・L^{-1} N,N-二甲基对苯二胺,摇匀,再加入 0.3 mL 50 mmol・L^{-1} $FeCl_3$,摇匀 15 min,于 667 nm 处测定吸光度 A_{667}。

(3) 标准曲线的制作　用 10 μmol・L^{-1} Na_2S 配制 0 μmol・L^{-1}、2 μmol・L^{-1}、4 μmol・L^{-1}、6 μmol・L^{-1}、8 μmol・L^{-1}、10 μmol・L^{-1} Na_2S 各 2.4 mL,加入 0.3 mL 5 mmol・L^{-1} N,N-二甲基对苯二胺,摇匀,再加入 0.3 mL 50 mmol・L^{-1} $FeCl_3$,室温摇匀 15 min,于 667 nm 处测定吸光度 A_{667}。以 Na_2S 浓度为横坐标,A_{667} 为纵坐标,建立标准曲线或回归方程。

4. 结果计算

从标准曲线中查出相应的 H_2S 浓度,用 μmol・g^{-1} 表示 H_2S 含量。

$$H_2S\ 含量(\mu mol・g^{-1}) = \frac{C}{w} \times \frac{V_t}{1000}$$

式中:C 为标准曲线上查出的 H_2S 浓度;

V_t 为提取液的总体积,即 3 mL;

w 为材料的鲜重(g)。

5. 注意事项

(1) 离心后的上清液应定容到一个准确的体积,以便于含量的计算。

(2) 实验中,也可以用 0.1 mol・L^{-1} 和 3.5 mol・L^{-1} H_2SO_4 分别配制 $FeCl_3$ 溶液和 N,N-二甲基对苯二胺溶液。

6. 思考题

用 N,N-二甲基对苯二胺法和 DTNB 法分别测定植物组织中的 H_2S 含量有何异同点?

3.6　渗透调节物质在热激诱导玉米幼苗耐热性形成中的作用

在逆境如干旱、盐碱、热、冷、冻等条件下,植物体内以脯氨酸(proline,Pro)、甜菜碱(betaine)、可溶性糖(soluble sugar)等为代表的渗透调节物质含量显著增加。植物体内这些渗透调节物质的含量在一定程度上反映了植物的抗逆性,抗旱性强的品种往往积累较多的渗透调节物质。因此渗透调节物质的含量可以作为抗旱育种的生理指标。此外,由于渗透调节物质亲水性极强,能稳定原生质胶体及组织内的代谢过程,因而能降低冰点,有防止细胞脱水的作用。在低温条件下,植物组织中渗透调节物质增加,可提高植物的抗寒性,因此,渗透调节物质含量也可作为抗寒育种的生理指标。

实验 14　脯氨酸(Pro)含量的测定(比色法)

1. 原理

用磺基水杨酸提取植物样品时,脯氨酸便游离于磺基水杨酸的溶液中,然后用酸性茚三酮加热处理后,溶液即成红色,再用甲苯处理,则色素全部转移至甲苯中,颜色的深浅即表示脯氨酸含量的高低。在 520 nm 波长处比色,可从标准曲线上查出(或用回归方程计算)脯氨酸的含量。

2. 材料、仪器设备及试剂

(1) 材料　取热激 0 h、热激 4 h 并恢复 4 h 和高温胁迫 17 h 的玉米幼苗。

(2) 仪器设备　分光光度计,高速冷冻离心机,分析天平,水浴锅,研钵,量筒,吸量管,刻度试管,试管架,容量瓶,药勺。

(3) 试剂　酸性茚三酮溶液(将 1.25 g 茚三酮溶于 30 mL 冰醋酸和 20 mL 6 mol·L⁻¹磷酸中,加热(70 ℃)搅拌溶解,贮于冰箱中);3%磺基水杨酸(3 g 磺基水杨酸加蒸馏水溶解后定容至 100 mL);冰醋酸;甲苯。

3. 实验步骤

(1) 脯氨酸的提取　分别称取热激 0 h(热激前)、热激 4 h 并恢复 4 h 和 48 ℃高温处理 17 h 的黄化玉米幼苗 0.5 g,加入预冷的 3%磺基水杨酸 3 mL 和少许石英砂,充分冰浴研磨后,转入离心管中,用 2 mL 3%磺基水杨酸洗研钵,合并提取液,于 4 ℃下 10000×g 离心 20 min,上清液直接进行脯氨酸含量的测定。

(2) 显色　吸取 2 mL 提取液于另一干净的带塞试管中,加入 2 mL 冰醋酸及 2 mL 酸性茚三酮溶液,在沸水浴中加热 30 min,溶液即呈红色。

(3) 萃取　显色液冷却后加入 4 mL 甲苯,振荡 30 s,静置片刻,取上层液至 10 mL 离心管中,在 3000 r/min 下离心 5 min。

(4) 比色　用吸管轻轻吸取上层脯氨酸红色甲苯溶液于比色皿中,以甲苯为空白对照,在分光光度计上 520 nm 波长处比色,求得吸光度值。

(5) 标准曲线的绘制　在分析天平上精确称取 25 mg 脯氨酸,倒入小烧杯内,用少量 3%磺基水杨酸溶解,然后倒入 250 mL 容量瓶中,加 3%磺基水杨酸定容至刻度,此标准液中每毫升含脯氨酸 100 μg。此母液分别用 3%磺基水杨酸配制成浓度为 0 μg·mL⁻¹、1 μg·mL⁻¹、2 μg·mL⁻¹、3 μg·mL⁻¹、4 μg·mL⁻¹、5 μg·mL⁻¹的脯氨酸各 2 mL。加入 2 mL 冰醋酸和 2 mL 酸性茚三酮溶液,每管在沸水浴中加热 30 min。冷却后各试管准确加入 4 mL 甲苯,振荡 30 s,静置片刻,使色素全部转至甲苯溶液中。用注射器轻轻吸取各管上层脯氨酸甲苯溶液至比色皿中,以甲苯溶液为空白对照,于 520 nm 波长处进行比色。先求出吸光度值(Y)依脯氨酸浓度(X)而变的回归方程,再按回归方程绘制标准曲线,计算 2 mL 测定液中脯氨酸的含量。

4. 结果计算

根据回归方程计算出(或从标准曲线上查出)2 mL 测定液中脯氨酸的含量

$X(\mu g)$，然后计算样品中脯氨酸含量。计算公式如下：

$$脯氨酸含量(\mu g \cdot g^{-1}) = \frac{X \times 5/2}{样品鲜重(g)}$$

5. 注意事项

(1) 离心后的上清液应定容至一个准确的体积，以便于含量的计算。

(2) 样品测定中，反应条件如温度、体积、反应时间等要与标准曲线一致。

6. 思考题

(1) 脯氨酸与茚三酮反应的化学本质与其他氨基酸有何不同？

(2) 实验中为何不必考虑其他氨基酸的干扰？

(3) 考虑到环保和成本问题，实验中不用甲苯萃取能否直接进行脯氨酸含量的测定？

实验 15　甜菜碱含量的测定(比色法)

1. 原理

在 pH1.0 的条件下，甜菜碱盐酸盐能与雷氏盐生成红色沉淀，离心，弃去上清液后，其沉淀溶于 70% 丙酮中并呈粉红色溶液，反应液在 525 nm 处出现最大吸收峰。甜菜碱盐酸盐含量在 0.1~12.5 mg 时符合朗伯-比尔定律。

2. 材料、仪器设备及试剂

(1) 材料　取热激 0 h、热激 4 h 并恢复 4 h 和高温胁迫 17 h 的玉米幼苗。

(2) 仪器设备　分光光度计，高速冷冻离心机，分析天平，水浴锅，研钵，量筒，吸量管，刻度试管，试管架，容量瓶，药勺。

(3) 试剂　99% 乙醚溶液：吸取 1 mL 水加到 99 mL 无水乙醚中；70% 丙酮溶液(量取 30 mL 水加到 70 mL 丙酮中)；甜菜碱标准溶液($1.5 g \cdot L^{-1}$，称取 0.15 g 甜菜碱于 100 mL 烧杯中，加少量蒸馏水，搅拌使之溶解，转移至 100 mL 容量瓶中，用蒸馏水定容，可常温保存 1 个月)；饱和雷氏盐[$NH_4Cr(NH_3)_2(SCN)_4H_2O$]溶液($15 g \cdot L^{-1}$，称取 3 g 雷氏盐，加入 100 mL 蒸馏水，用浓盐酸调节 pH 至 1.0，于室温下不断搅拌 45 min，抽滤，定容至 100 mL。此溶液需现用现配)。

3. 实验步骤

(1) 标准曲线的绘制　取 6 支试管，分别加入 $1 mg \cdot mL^{-1}$ 甜菜碱标准溶液 0 mL、0.5 mL、1.0 mL、1.5 mL、2.0 mL、2.5 mL，依次分别加入蒸馏水 3 mL、2.5 mL、2.0 mL、1.5 mL、1.0 mL、0.5 mL，于 4 ℃ 冰箱预冷 30 min，分别滴加饱和雷氏盐 5 mL，于 4 ℃ 冰箱内保存 3 h 以上；取出，平衡后于 10000×g 离心 15 min，弃上清液，分别加入乙醚(4 ℃ 预冷)5 mL 洗涤沉淀 3 次，混匀平衡后于 10000×g 离心 15 min，弃上清液；分别加入 70% 丙酮 5 mL 溶解沉淀，立即测定 525 nm 处的吸光度，以浓度为横坐标，相应的吸光度为纵坐标，绘制标准曲线。

(2) 甜菜碱的提取　分别称取热激 0 h(热激前)、热激 4 h 并恢复 4 h 和 48 ℃ 高温处理 17 h 的黄化玉米幼苗 1.0 g,100 ℃高温杀青 15 min,之后于 80 ℃烘干至恒重。将干材料置于研钵中,加入预冷的蒸馏水 1.0 mL 和少许石英砂,充分冰浴研磨后,转入离心管中,用 1 mL 蒸馏水洗研钵,合并提取液,于 4 ℃下 10000×g 离心 20 min,上清液加入盐酸使其终浓度为 0.1 mol·L⁻¹(pH=1.0),即为甜菜碱的待测液。

(3) 显色　分别吸取 1.5 mL 待测液于另一干净的带塞试管中,分别加入饱和雷氏盐 2.5 mL,4 ℃冰箱内保存 3 h 以上,按照绘制标准曲线的方法测定甜菜碱。

4. 结果计算

根据回归方程计算出(或从标准曲线上查出)1.5 mL 测定液中甜菜碱的含量 X (μg),然后计算样品中甜菜碱的含量。计算公式如下:

$$甜菜碱含量(\mu g \cdot g^{-1}) = \frac{X \times 2/1.5}{样品鲜重(g)}$$

5. 注意事项

(1) 离心后的上清液应定容到一个准确的体积,以便于含量的计算。

(2) 样品测定中,反应条件如温度、体积、反应时间等要与标准曲线一致。

(3) 用乙醚洗涤沉淀的过程中要小心,以减少损失。同时,乙醚有毒,洗涤过程应在通风橱中进行。

6. 思考题

(1) 甜菜碱与雷氏盐反应的化学本质是什么?

(2) 逆境条件下甜菜碱积累的生物学意义是什么?

实验 16　可溶性糖含量的测定

植物在逆境胁迫尤其是高温胁迫过程中,体内可溶性糖含量会因胁迫强度的不同而表现出不同程度的积累,从而降低植物细胞的渗透势,增强植物的吸水和保水能力,为植物抵抗高温胁迫引起的次级水分胁迫奠定了生理基础。因此,研究逆境胁迫过程时可溶性糖的积累可作为植物适应不良环境的生理指标之一。

Ⅰ　苯　酚　法

1. 原理

植物体内的可溶性糖主要是指能溶于水及乙醇的单糖和寡聚糖。苯酚法测定可溶性糖的原理如下:糖在浓硫酸作用下,脱水生成的糠醛或羟甲基糠醛能与苯酚缩合成一种橙红色化合物,在 10～100 μg 范围内其颜色深浅与糖的含量成正比,且在 485 nm 波长处有最大吸收峰,故可用比色法在此波长处测定。苯酚法可用于甲基化的糖、戊糖和多聚糖的测定,方法简单,灵敏度高,基本不受蛋白质存在的影响,并且产生的颜色稳定 160 min 以上。

2. 材料、仪器设备及试剂

(1) 材料　取热激 0 h、热激 4 h 并恢复 4 h 和高温胁迫 17 h 的玉米幼苗。

（2）仪器设备　分光光度计,微量加样器,刻度试管,移液管,试管架,容量瓶,烧杯,天平。

（3）试剂　90%苯酚溶液(称取 90 g 苯酚(分析纯),加蒸馏水 10 mL 溶解,在室温下可保存数月);9%苯酚溶液(取 3 mL 90%苯酚溶液,加蒸馏水至 30 mL,现配现用);浓硫酸(比重 1.84);1%蔗糖标准液(将分析纯蔗糖在 80 ℃下烘至恒重,精确称取 1.000 g。加少量水溶解,移入 100 mL 容量瓶中,加入 0.5 mL 浓硫酸,用蒸馏水定容至刻度);100 μg • mL^{-1} 蔗糖标准液(精确吸取 1%蔗糖标准液 1 mL 加入 100 mL 容量瓶中,加水定容)。

3. 实验步骤

（1）标准曲线的制作　取 20 mL 刻度试管 11 支,从 0～10 分别编号,按表 3-1 加入溶液和水。然后按顺序向试管内加入 1 mL 9%苯酚溶液,摇匀,再从管液正面快速加入 5 mL 浓硫酸,摇匀。比色液总体积为 8 mL,在恒温下放置 30 min,显色。然后以空白为参比,在 485 nm 波长下比色测定,以糖含量为横坐标,吸光度为纵坐标,绘制标准曲线,求出标准直线方程。

表 3-1　各试管加溶液和水的量

管　　　号	0	1～2	3～4	5～6	7～8	9～10
100 μg • mL^{-1}蔗糖液/mL	0	0.2	0.4	0.6	0.8	1.0
水/mL	2.0	1.8	1.6	1.4	1.2	1.0
蔗糖量/μg	0	20	40	60	80	100

（2）可溶性糖的提取　取上述植物材料,剪碎混匀,称取 0.50 g,加入预冷的蒸馏水 3 mL 和少许石英砂,充分冰浴研磨后,转入离心管中,再用 2 mL 提取液洗研钵,合并提取液并于 4 ℃下 10000×g 离心 20 min,上清液即为可溶性糖待测液。

（3）测定　吸取 0.5 mL 待测液于试管中(重复 2 次),加蒸馏水 1.5 mL,同制作标准曲线的步骤,按顺序分别加入苯酚、浓硫酸溶液,显色并测定吸光度。

4. 结果计算

由标准线性方程求出糖的量,按下式计算测试样品中的可溶性糖含量。

$$可溶性糖含量(mg • g^{-1}) = \frac{C \times V_t / V_s \times 10^3}{w}$$

式中:C 为由标准线性方程求得的糖量(μg);

　　　V_s 为吸取样品液体积(mL);

　　　V_t 为提取液量(mL);

　　　w 为样品鲜重(g)。

5. 注意事项

（1）实验中的显色液是强酸溶液,使用中注意安全,不要弄到身上和设备上。

（2）样品的显色条件包括温度、时间、体积等,要与标准曲线的一致。

6. 思考题

（1）苯酚法测定可溶性糖含量的原理是什么？如何用此法进行准确的测定？

（2）植物组织中的可溶性糖有哪些？是否所有的可溶性糖都可以用苯酚法测定？

Ⅱ　蒽　酮　法

1. 原理

糖在浓硫酸作用下，可经脱水反应生成糠醛或羟甲基糠醛，生成的糠醛或羟甲基糠醛可与蒽酮反应生成蓝绿色糠醛衍生物，在一定范围内，颜色深浅与糖含量成正比，故可用于糖的定量。

该法的特点是几乎可测定所有的碳水化合物，不但可测定戊糖与己糖，且可测定所有寡糖类和多糖类，包括淀粉、纤维素等（因为反应液中的浓硫酸可把多糖水解成单糖而发生反应），所以用蒽酮法测出的碳水化合物含量，实际上是溶液中全部可溶性碳水化合物的总量。在没有必要细致划分各种碳水化合物的情况下，用蒽酮法可以一次测出总量，省去许多麻烦，因此，有特殊的应用价值，但在测定水溶性碳水化合物时，则应注意切勿将样品中的未溶解残渣加入反应液中，不然会因为细胞壁中的纤维、半纤维素等与蒽酮试剂发生反应而增加测定误差。此外，不同的糖类与蒽酮试剂的显色深度不同，果糖显色最深，葡萄糖次之，半乳糖、甘露糖较浅，五碳糖显色更浅，故测定糖的混合物时，常因不同糖类的比例不同造成误差，但测定单一糖类时则可避免此种误差。

糖类与蒽酮反应生成的有色物质在可见光区的吸收峰为 630 nm，故在此波长下进行比色。

2. 材料、仪器设备及试剂

（1）材料　取热激 0 h、热激 4 h 并恢复 4 h 和高温胁迫 17 h 的玉米幼苗。

（2）仪器设备　分光光度计，微量加样器，试管，移液管，试管架，容量瓶，烧杯，天平。

（3）试剂　蒽酮乙酸乙酯试剂（取分析纯蒽酮 1 g，溶于 50 mL 乙酸乙酯中，贮于棕色瓶中，在黑暗中可保存数星期，如有结晶析出，可微热溶解）；浓硫酸（相对密度为1.84）。

3. 实验步骤

（1）标准曲线的制作　按"苯酚法"标准曲线的制作方法加入标准的蔗糖溶液，然后按顺序向试管中加入 0.5 mL 蒽酮乙酸乙酯试剂和 5 mL 浓硫酸，充分振荡，立即将试管放入沸水浴中，逐管均准确保温 1 min，取出后自然冷却至室温，以空白作参比，在 630 nm 波长下测其吸光度，以吸光度为纵坐标，以糖含量为横坐标，绘制标准曲线，并求出标准线性方程。

（2）可溶性糖的提取：同"苯酚法"。

（3）测定　吸取样品提取液 0.5 mL 于 20 mL 刻度试管中（重复 2 次），加蒸馏水 1.5 mL，以下步骤与标准曲线测定相同，测定样品的吸光度。

4. 结果计算

由标准线性方程求出的糖量，按下式计算测试样品中糖含量。

$$可溶性糖含量(mg \cdot g^{-1}) = \frac{C \times V_t/V_s \times 10^3}{w}$$

式中：C 为由标准线性方程求得的糖量（μg）；

　　V_s 为吸取样品液体积（mL）；

　　V_t 为提取液量（mL）；

　　w 为样品鲜重（g）。

5. 注意事项

同苯酚法。

6. 思考题

（1）蒽酮法测定可溶性糖含量的原理是什么？如何用此法进行准确的测定？

（2）用蒽酮法和苯酚法测定植物组织中的可溶性糖含量有何不同？它们的优缺点是什么？

Ⅲ　3,5-二硝基水杨酸(DNS)比色法

1. 原理

3,5-二硝基水杨酸溶液与还原糖（各种单糖和麦芽糖）溶液共热后被还原成棕红色的氨基化合物，在一定范围内，还原糖的量和棕红色化合物的颜色深浅呈一定比例关系。在 540 nm 波长下测定棕红色物质的吸光度值，查标准曲线，便可求出样品中还原糖的含量。

2. 材料、仪器设备及试剂

（1）材料　取热激 0 h、热激 4 h 并恢复 4 h 和高温胁迫 17 h 的玉米幼苗。

（2）仪器设备　分光光度计，微量加样器，刻度试管，移液管，试管架，容量瓶，烧杯，天平，水浴锅。

（3）试剂　1 mg·mL⁻¹葡萄糖标准液[准确称取 100 mg 分析纯葡萄糖（预先在 80 ℃烘至恒重）]，置于小烧杯中，用少量蒸馏水溶解后，定量转移到 100 mL 的容量瓶中，以蒸馏水定容至刻度，摇匀，冰箱中保存备用）；3,5-二硝基水杨酸试剂（取 6.3 g 3,5-二硝基水杨酸和 262 mL 2 mol·L⁻¹ NaOH 溶液，加到 500 mL 含有 185 g 酒石酸钾钠的热水溶液中，再加 5 g 结晶酚和 5 g 亚硫酸钠，搅拌溶解。冷却后加蒸馏水定容至 1000 mL，贮于棕色瓶中备用）。

3. 实验步骤

（1）标准曲线的制作　取 7 支具有 25 mL 刻度的血糖管或刻度试管，编号，按表 3-2 所示的量，精确加入浓度为 1 mg·mL⁻¹的葡萄糖标准液和 3,5-二硝基水杨酸试

剂。

　　将各管摇匀,在沸水浴中加热 5 min,取出后立即放入盛有冷水的烧杯中冷却至室温,再以蒸馏水定容至 25 mL 刻度处,用橡皮塞塞住管口,颠倒混匀(如用大试管,则向每管加入 21.5 mL 蒸馏水,混匀)。在 540 nm 波长下,用 0 号管调零,分别读取 1～6 号管的吸光度值。以吸光度值为纵坐标,葡萄糖含量为横坐标,绘制标准曲线,求得直线方程。

表 3-2　各试管加溶液和试剂的量

管　　号	0	1	2	3	4	5	6
葡萄糖标准液/mL	0	0.2	0.4	0.6	0.8	1.0	1.2
蒸馏水/mL	2.0	1.8	1.6	1.4	1.2	1.0	0.8
3,5-二硝基水杨酸试剂/mL	1.5	1.5	1.5	1.5	1.5	1.5	1.5
相当葡萄糖量/mg	0	0.2	0.4	0.6	0.8	1.0	1.2

　　(2) 可溶性糖的提取:同苯酚法。

　　(3) 测定　显色和比色:取 3 支 25 mL 刻度试管,编号,分别加入还原糖待测液 2 mL,3,5-二硝基水杨酸试剂 1.5 mL,其余操作均与制作标准曲线相同,测定各管的吸光度值。

　　4. 结果计算

　　分别在标准曲线上查出相应还原糖含量(mg),按下式计算还原糖含量:

$$还原糖含量(\%) = \frac{(C \times V_t/V_s)}{w \times 10^3} \times 100\%$$

式中:C 为由标准线性方程求得的还原糖量(mg);

　　　V_t 为提取液的总体积(mL);

　　　V_s 为吸取样品液体积(mL);

　　　w 为样品鲜重(g)。

　　5. 注意事项

　　同苯酚法。

　　6. 思考题

　　(1) DNS 法测定可溶性糖含量的原理是什么? 如何用此法进行准确的测定?

　　(2) 用 DNS 法测定可溶性糖含量与用蒽酮法和苯酚法测定可溶性糖含量有何不同? 它们的优缺点是什么?

　　(3) 可溶性糖含量的测定方法中,哪些可用来测定淀粉酶的活性? 为什么?

3.7　热激蛋白在热激诱导玉米幼苗耐热性形成中的作用

　　当外界环境温度高于植物正常生长的温度 5 ℃以上时,植物体内大多功能蛋白合成小于分解,导致蛋白质含量迅速下降,但同时植物能够合成一种特殊的蛋白质,其热稳定性比较强,称之为热激蛋白(heat shock protein,HSP)。关于 HSP 的生理功能目前尚不完全清楚,它们可能作为分子伴侣(molecular chaperone),参与蛋白质的折叠、运输、变性蛋白的清除等生理过程。此部分内容在完成热激及高温胁迫过程中可溶性蛋白变化的基础上,进一步探索热激蛋白的变化过程。

实验 17　可溶性蛋白含量的测定(考马斯亮蓝法)

1. 原理

考马斯亮蓝 G-250 测定蛋白质含量属于染料结合法的一种。考马斯亮蓝 G-250 在游离态下呈红色,当它与蛋白质的疏水区结合后变为青色,前者最大光吸收在 465 nm,后者在 595 nm。在一定蛋白质浓度范围内($0\sim100~\mu g \cdot mL^{-1}$),蛋白质-色素结合物在 595 nm 波长下的光吸收与蛋白质含量成正比,故可用于蛋白质的定量测定。蛋白质与考马斯亮蓝 G-250 结合物在 2 min 左右的时间内达到平衡,完成反应十分迅速,其结合物在室温下 1 h 内保持稳定。该反应非常灵敏,可测微克级蛋白质含量,所以是一种比较好的蛋白质定量法。

2. 材料、仪器设备及试剂

(1) 材料　取热激 0 h、热激 4 h 并恢复 4 h 和高温胁迫 17 h 的玉米幼苗。

(2) 仪器设备　分光光度计,高速冷冻离心机,微量加样器,分析天平,研钵,量筒,吸量管,刻度试管,试管架,容量瓶,药勺。

(3) 试剂　$1000~\mu g \cdot mL^{-1}$ 和 $100~\mu g \cdot mL^{-1}$ 牛血清白蛋白(BSA);考马斯亮蓝 G-250(称取 100 mg 考马斯亮蓝 G-250,溶于 50 mL 95%乙醇中,加入 85%磷酸 100 mL,最后用蒸馏水定容至 1000 mL。此溶液在常温下可放置一个月);95%乙醇;85%磷酸。

3. 实验步骤

(1) 标准曲线的绘制。

① $0\sim100~\mu g \cdot mL^{-1}$ 标准曲线的制作　取 6 支刻度试管,按表 3-3 的数据配制 0 $\sim100~\mu g \cdot mL^{-1}$ 血清白蛋白液各 1 mL。准确吸取所配各管溶液 0.1 mL,分别放入 10 mL 刻度试管中,加入 5 mL 考马斯亮蓝 G-250 试剂,盖塞,反转混合数次,放置 2 min 后,在 595 nm 下比色,绘制标准曲线。

表 3-3　配制 $0\sim100~\mu g \cdot mL^{-1}$ 血清白蛋白液

管　号	1	2	3	4	5	6
$100~\mu g \cdot mL^{-1}$ 牛血清白蛋白量/mL	0	0.2	0.4	0.6	0.8	1.0
蒸馏水量/mL	1.0	0.8	0.6	0.4	0.2	0
蛋白质含量/mg	0	0.02	0.04	0.06	0.08	0.10

② $0\sim1000~\mu g \cdot mL^{-1}$ 标准曲线的制作　另取 6 支试管,按表 3-4 的数据配制

0～1000 μg・mL^{-1}牛血清白蛋白溶液各 1 mL。与步骤①操作相同，绘出 0～1000 μg・mL^{-1}的标准曲线。

表 3-4　配制 0～1000 μg・mL^{-1}血清白蛋白液

管　　号	7	8	9	10	11	12
1000 μg・mL^{-1}牛血清白蛋白量/mL	0	0.2	0.4	0.6	0.8	1.0
蒸馏水量/mL	1.0	0.8	0.6	0.4	0.2	0
蛋白质含量/mg	0	0.2	0.4	0.6	0.8	1.0

（2）样品提取液中蛋白质浓度的测定　吸取样品提取液 0.1 mL（样品提取见抗氧化酶活性的测定），放入刻度试管中（设两个重复管），加入 5 mL 考马斯亮蓝 G-250 试剂，充分混合，放置 2 min 后在 595 nm 下比色，记录吸光度值，通过标准曲线查得蛋白质含量。

4. 结果计算

根据下列公式计算：

$$样品中蛋白质含量(mg・g^{-1}) = \frac{C \times V_t/V_s}{w}$$

式中：C 为查标准曲线所得的每管中蛋白质含量（mg）；

　V_t 为提取液总体积（mL）；

　V_s 为测定所取提取液体积（mL）；

　w 为取样量（g）。

5. 注意事项

（1）实验中应根据样品中的蛋白质含量，选用相应的标准曲线和测定方法。

（2）定容后的 G-250 试剂，过滤后方可使用，以减少测定中悬浮颗粒的干扰。

6. 思考题

（1）蛋白质与 G-250 试剂反应的化学本质是什么？

（2）除了考马斯亮蓝染色法以外，还有哪些测定蛋白质含量的方法？它们的优缺点分别是什么？

（3）考马斯亮蓝除了 G-250 以外，还有 R-250，它们在使用中有何不同？

实验 18　热稳定蛋白（含热激蛋白）含量的测定（考马斯亮蓝法）

1. 原理

考马斯亮蓝 G-250 测定蛋白质含量属于染料结合法的一种。考马斯亮蓝 G-250 在游离态下呈红色，当它与蛋白质的疏水区结合后变为青色，前者最大光吸收在 465 nm，后者在 595 nm。在一定蛋白质浓度范围内（0～100 μg・mL^{-1}），蛋白质-色素结合物在 595 nm 波长下的光吸收与蛋白质含量成正比，故可用于蛋白质的定量测定。蛋白质与考马斯亮蓝 G-250 结合物在 2 min 左右的时间内达到平衡，完成反应十分迅速,其结合物在室温下 1 h 内保持稳定。该反应非常灵敏,可测微克级蛋白质含量,所以是一种比较好的蛋白质定量法。

2. 材料、仪器设备及试剂

(1) 材料　取热激 0 h、热激 4 h 并恢复 4 h 和高温胁迫 17 h 的玉米幼苗。

(2) 仪器设备　分光光度计,高速冷冻离心机,微量加样器,分析天平,研钵,量筒,吸量管,刻度试管,试管架,容量瓶,药勺。

(3) 试剂　提取液(50 mmol・L^{-1} Tris-HCl 缓冲溶液,pH7.0,1 mmol・L^{-1} EDTA,1%聚乙烯吡咯烷酮,5 mmol・L^{-1} MgCl$_2$);1000 μg・mL^{-1} 和 100 μg・mL^{-1}牛血清白蛋白(BSA);考马斯亮蓝 G-250(称取 100 mg 考马斯亮蓝 G-250,溶于 50 mL 95%乙醇中,加入 85%磷酸 100 mL,最后用蒸馏水定容至 1000 mL。此溶液在常温下可放置一个月);95%乙醇;85%磷酸。

3. 实验步骤

(1) 标准曲线的绘制　同"实验17"。

(2) 热稳定蛋白的提取　分别称取热激 0 h(热激前)、热激 4 h 并恢复 4 h、48 ℃ 高温处理 17 h 的黄化玉米幼苗 0.5 g,加入预冷的提取液 3 mL 和少许石英砂,充分冰浴研磨后,转入离心管中,再用 2 mL 提取液洗研钵,合并提取液并于 4 ℃下 10000 r/min 离心 20 min,将上清液定容到 5 mL 并转入大试管中,放入 95 ℃水浴锅中加热 15 min 后立即转入冰浴冷却,之后于 10000 r/min 下离心 20 min,上清液再次用提取液定容到 5 mL,摇匀后进行热稳定蛋白含量的测定。

(3) 热稳定蛋白含量的测定　同实验17可溶性蛋白含量的测定方法。

4. 结果计算

根据下列公式计算:

$$样品蛋白质含量(mg・g^{-1}) = \frac{C \times V_t/V_s}{w}$$

式中:C 为查标准曲线所得的每管蛋白质含量(mg);

V_t 为提取液总体积(mL);

V_s 为测定所取提取液体积(mL);

w 为取样量(g)。

5. 注意事项

(1) 在热稳定蛋白的实验中,注意每个样品加热的时间和蛋白质溶液的体积要一致。同时,为了使变性的蛋白质充分沉淀,离心中应采用较高的转速和较长的时间或进行二次离心。

(2) 定容后的 G-250 试剂,过滤后方可使用,以减少测定中悬浮颗粒的干扰。

6. 思考题

(1) 什么是热稳定蛋白和热激蛋白? 它们有何区别和联系?

(2) 此实验中,提取的蛋白质溶液经加热离心后,溶液中剩下的就是热激蛋白吗？为什么？

实验 19　热激蛋白相对分子质量的测定
（SDS-聚丙烯酰胺凝胶电泳法）

1. 原理

用聚丙烯酰胺凝胶电泳法分离鉴定蛋白质，主要依赖于电荷效应和分子筛效应。电泳分离后再与标准样品对照即可确定各区带的成分。要利用凝胶电泳测定某样品的蛋白质相对分子质量就必须去掉其电荷效应，使样品的蛋白质分子的迁移率完全取决于相对分子质量。如在电泳体系中加入一定浓度的十二烷基硫酸钠（sodium dodecylsulfate，简称 SDS）。这种阴离子表面活性剂浓度大于 $1~mmol \cdot L^{-1}$ 时，以 $1.4~g$ SDS 与 $1~g$ 蛋白质分子结合成复合物，使蛋白质带负电荷，这种负电荷远远超过了蛋白质分子原有的电荷差别，从而降低或消除了各种蛋白质天然电荷的差别。巯基乙醇是蛋白质分子中二硫键的还原剂，使多肽组分分成单个亚单位。SDS 可打断蛋白质的氢键。因此它与蛋白质结合后，还可引起蛋白质构象的改变，此复合物的流体力学和光学性质均表明，它在水溶液中的形状近似长椭圆的棒状。不同蛋白质-SDS 复合物的短轴相同，约 $1.8~nm$，而长轴改变与蛋白质的相对分子质量成正比。所以，各种 SDS-蛋白质复合物在电泳中的迁移率不再受原有电荷和形状的影响，而只是按照分子的大小由凝胶的分子筛效应进行分离，其有效迁移率与相对分子质量的对数呈线性关系。这样就可以根据标准蛋白质相对分子质量的对数和迁移率所作的标准曲线得出未知样品蛋白质的相对分子质量。

2. 材料、仪器设备及试剂

（1）材料　取热激 0 h、热激 4 h 并恢复 4 h 和高温胁迫 17 h 的玉米幼苗。

（2）仪器设备　分光光度计，高速冷冻离心机，垂直板电泳槽及附件，直流稳压稳流电泳仪，微量加样器，分析天平，研钵，量筒，吸量管，刻度试管，试管架，容量瓶，药勺。

（3）试剂　提取液（$50~mmol \cdot L^{-1}$ Tris-HCl 缓冲溶液，pH7.0，$1~mmol \cdot L^{-1}$ EDTA，1％聚乙烯吡咯烷酮，$5~mmol \cdot L^{-1}$ $MgCl_2$）；下层胶缓冲溶液（18.17 gTris，0.4 g SDS，溶于水，用 $1~mol \cdot L^{-1}$ HCl 调 pH 至 8.8，定容至 100 mL）；上层胶缓冲溶液（6.06 g Tris，0.4 g SDS，溶于水，用 $1~mol \cdot L^{-1}$ HCl 调 pH 至 6.8，定容至 100 mL）；Acr/Bis 贮备液（30 g Acr，0.8 g Bis，溶解后定容至 100 mL）；10％过硫酸铵，用时现配；样品缓冲溶液（Tris 0.6 g，甘油 5 mL，SDS 1 g，溶于水，用 HCl 调 pH 至 8.0，再加溴酚蓝 0.1 g，巯基乙醇 2.5 mL，定容至 100 mL）；电极缓冲溶液（Tris 3.03 g，Gly 14.14 g，SDS 1.0 g，溶于水，用 HCl 调 pH 至 8.3，定容至 1000 mL）；染色液的配制（45％甲醇，0.25％考马斯亮蓝 R-250）；脱色液（2.5％甲醇，10％醋酸）；1.5％琼脂（1.5 g 琼脂溶于 100 mL 电极缓冲溶液中，加热溶解）；标准相对分子质量蛋白质。

3. 实验步骤

(1) 电泳槽的安装　将干燥的两块玻璃板装入配套塑料夹套内,垂直固定在电泳槽上,周边用 1.5% 的琼脂密封。

(2) 样品的提取与处理　样品的提取同"实验 6",将标准蛋白质和待测样品分别溶于样品缓冲溶液(浓度为 2 mg·mL^{-1}),在沸水中加热 3～4 min,待冷却后作点样用。

(3) 制胶　选择合适的胶浓度配制 7.5% 的分离胶,混合后将其沿长玻璃板加入两块玻璃板之间(小心不要产生气泡),加到距短玻璃板上边缘 3 cm 处,立即覆盖 2～3 mm 水层,静置聚合约 40 min。胶聚合好的标志是胶与水之间形成清晰的界面。吸取分离胶的水分,将配制好的浓缩胶注入分离胶之上,立即插上有机玻璃的点样槽模板,待浓缩胶聚合好后备用。

(4) 点样　用微量加样器吸取标准蛋白质溶液 5 μL,注入样品槽内的浓缩胶面上,同时吸取待测样品液 25 μL,注入其他样品槽内(一般两侧或一侧注入标准蛋白质溶液,中间注入待测样品液),在样品上小心地注入电极缓冲溶液(为了防止加入电极缓冲溶液时冲到样品,也可以先加入电极缓冲溶液再加样)。

(5) 电泳　加样完毕,两槽注入电极缓冲溶液,接通电源(上负下正),调节电流为 15 mA,当指示剂进入分离胶后,电流需加大到 30 mA,电压恒定在 80～100 V,3～4 h 后,指示剂到达距前沿 1～2 cm 时,可终止电泳。

(6) 固定　胶取出后,在水中浸泡 10 min,浸出部分 SDS,然后将胶浸泡在 25% 异丙醇和 10% 醋酸的混合液中 1 h,蛋白质就得到固定了。

(7) 染色　取出凝胶板,测定胶长(D_1)后,加入染色液染色 2 h。

(8) 脱色　将胶放在脱色液中脱色 0.5 h,每隔 0.5 h 换一次脱色液,至少换 3 次,待蓝色基本脱掉,再放在脱色液里浸泡至蛋白质谱带清晰为止,精确测定胶长(D_2)。

4. 结果计算

根据蛋白质相对分子质量的对数和电泳迁移率的关系,精确测量溴酚蓝和各种蛋白质迁移距离。把溴酚蓝迁移的距离定为 d_1,蛋白质迁移距离定为 d_2,并以 D_1 定为凝胶染色前的长度,D_2 定为凝胶染色后的长度。根据下面公式计算各种蛋白质的迁移率 R_m:

$$R_m = d_2 d_1 \times D_1 D_2$$

以标准蛋白质的迁移率为横坐标,以其对应的相对分子质量的对数为纵坐标,绘制标准曲线,可得到一条直线,然后根据未知样品的迁移率,在半对数坐标图上查出其对应的相对分子质量。要得到一个可靠的结果,实验需多次重复。

5. 注意事项

(1) 为了确保电泳效果,在使用之前 Acr 和 Bis 最好进行纯化。

(2) 应根据不同样品的蛋白质含量,控制样品的上样体积。

（3）启动电源开关之前,应重新检查正负极是否连接正确。

（4）制胶过程中,切记避免气泡的产生。

6. 思考题

（1）SDS-聚丙烯酰胺凝胶电泳与聚丙烯酰胺凝胶电泳有何区别与联系?

（2）在 SDS-聚丙烯酰胺凝胶电泳实验中,电泳后条带越多是否表示蛋白质的种类越多呢? 为什么?

3.8　玉米幼苗在热激及其后的恢复和高温胁迫过程中活性氧水平的变化

通过呼吸作用进入生物体内的氧分子,参与酶促或非酶促反应时,只接受一个电子后转变为超氧阴离子自由基($O_2 \cdot^-$),$O_2 \cdot^-$ 既能与体内的蛋白质和核酸等活性物质直接作用,又能衍生为 H_2O_2、羟自由基($\cdot OH$)、单线态氧($^1O_2$)等。$\cdot OH$ 可以引发不饱和脂肪酸脂质(RH)过氧化反应,产生一系列自由基,如:脂质自由基($\cdot R$)、脂氧自由基($RO \cdot$)、脂过氧自由基($ROO \cdot$)和脂过氧化物($ROOH$)。基团旁边的小圆点为不成对价的电子,这种基团即称为自由基,带有—O—O—的是过氧化物,$^1O_2$ 的电子处于激发状态。这些含有氧而又比 O_2 活泼很多的化合物,称为活性氧,也有人将它们统统归纳为氧自由基类。一切需氧生物均能产生活性氧,在其体内有一套完整的活性氧清除系统(抗氧化酶和抗氧化剂),能将活性氧转变为活性较低的物质,机体因此受到保护。近几年的研究表明,活性氧在植物对环境胁迫如高温、低温、干旱等胁迫的信号感受、传导与适应过程中起重要作用。因此,准确测定活性氧浓度无疑在植物抗逆性研究中起着非常重要的作用。

实验 20　过氧化氢含量的测定

I　硫酸钛法

1. 原理

H_2O_2 与硫酸钛(或氯化钛)生成过氧化物-钛复合物黄色沉淀,该复合物被 H_2SO_4 溶解后,在 415 nm 波长下比色测定。在一定范围内,其颜色深浅与 H_2O_2 浓度呈线性关系。

2. 材料、仪器设备及试剂

（1）材料　取热激 0 h、热激 4 h 并恢复 4 h 和高温胁迫 17 h 的玉米幼苗。

（2）仪器设备　分光光度计,高速冷冻离心机,微量加样器,分析天平,研钵,量筒,吸量管,刻度试管,试管架,容量瓶,药勺。

（3）试剂　100 $\mu mol \cdot L^{-1}$ H_2O_2 丙酮试剂(取 30% 分析纯 H_2O_2 57 μL,溶于 100 mL 丙酮,再稀释 100 倍);2 $mol \cdot L^{-1}$ 硫酸;5% 硫酸钛(用硫酸配制);丙酮;浓氨水。

3. 实验步骤

（1）制作标准曲线　取 10 mL 离心管 7 支，编号（1～7 号），并按表 3-5 加入试剂。待沉淀完全溶解后，将其小心转入 10 mL 容量瓶中，并用蒸馏水少量多次冲洗离心管，将洗涤液合并后定容至 10 mL 刻度，于 415 nm 波长下比色。

（2）H_2O_2 提取　称取上述植物组织 2 g，按材料与提取剂 1：1 的比例加入 4 ℃下预冷的丙酮和少许石英砂研磨成匀浆后，转入离心管于 3000 r/min 下离心 10 min，弃去残渣，上清液即为 H_2O_2 提取液。

表 3-5　测定 H_2O_2 浓度标准曲线配制表

试　　　剂	离 心 管 号						
	1	2	3	4	5	6	7
100 μmol·L^{-1} H_2O_2/mL	0	0.1	0.2	0.4	0.6	0.8	1.0
4 ℃下预冷丙酮/mL	1.0	0.9	0.8	0.6	0.4	0.2	0
5%硫酸钛/mL	0.1	0.1	0.1	0.1	0.1	0.1	0.1
浓氨水/mL	0.2	0.2	0.2	0.2	0.2	0.2	0.2
	5000 r/min 离心 10 min，弃去上清液，留沉淀						
2 mol·L^{-1}硫酸/mL	5.0	5.0	5.0	5.0	5.0	5.0	5.0

（3）H_2O_2 测定　用吸量管吸取样品提取液 1 mL，按表 3-5 加入 5%硫酸钛和浓氨水，待沉淀形成后于 5000 r/min 离心 10 min，弃去上清液。沉淀用丙酮反复洗涤 3～5 次，直到去除植物色素。向洗涤后的沉淀中加入 2 mol·L^{-1}硫酸 5 mL，待完全溶解后，与标准曲线同样的方法定容并比色。

4. 结果计算

根据公式计算植物组织中 H_2O_2 含量，即

$$H_2O_2\text{含量}(\mu mol·g^{-1}) = \frac{C \times V_t}{w \times 1000}$$

式中：C 为标准曲线上查得样品中 H_2O_2 浓度（μmol·L^{-1}）；

V_t 为样品提取液总体积（mL）；

w 为植物组织鲜重（g）。

5. 注意事项

（1）实验中应根据样品含色素的情况来考虑洗涤次数，如叶片洗涤次数需多一些，根系洗涤次数少些，甚至不用洗涤。

（2）若实验中用氯化钛而不用硫酸钛，那么应用浓盐酸配制 20%氯化钛溶液，由于氯化钛在空气中大量挥发，最好在通风橱中进行配制。

6. 思考题

（1）用氯化钛或硫酸钛法测定的过氧化氢含量常常偏高，为什么？

（2）除了氯化钛或硫酸钛法测定过氧化氢以外，还有哪些方法？

II　二甲酚橙法

1. 原理

在酸性条件下,H_2O_2 可以把 Fe^{2+} 氧化为 Fe^{3+},Fe^{3+} 进一步与二甲酚橙反应形成紫色的复合物(Fe^{3+}-XO),此复合物的最高吸收峰为 560 nm,在一定范围内,其颜色深浅与 H_2O_2 浓度呈线性关系。在反应体系中加入山梨醇可提高测定 H_2O_2 的灵敏度。

2. 材料、仪器设备及试剂

(1) 材料　取热激 0 h、热激 4 h 并恢复 4 h 和高温胁迫 17 h 的玉米幼苗。

(2) 仪器设备　分光光度计,高速冷冻离心机,微量加样器,分析天平,研钵,量筒,吸量管,刻度试管,试管架,容量瓶,药勺。

(3) 试剂　丙酮;10 μmol·L^{-1} H_2O_2;萃取剂(CCl_4-$CHCl_3$,体积比为 3∶1);试剂 A(3.3 mmol·L^{-1} $FeSO_4$,3.3 mmol·L^{-1} $(NH_4)_2SO_4$,412.5 mmol·L^{-1} H_2SO_4);试剂 B(165 mmol·L^{-1} 二甲酚橙,165 mmol·L^{-1} 山梨醇)。使用前将试剂 A 和试剂 B 按照 1∶10 的比例混合构成工作试剂,此工作试剂与 H_2O_2 待测液按照 2∶1 的比例混合。

3. 实验步骤

(1) 制作标准曲线　取 10 mL 离心管 6 支,编号(1~6),并按表 3-6 加入试剂。

表 3-6　二甲酚橙法测定 H_2O_2 浓度标准曲线配制表

试　　剂	离 心 管 号					
	1	2	3	4	5	6
10 μmol·L^{-1} H_2O_2/mL	0	0.2	0.4	0.6	0.8	1.0
蒸馏水/mL	1.0	0.8	0.6	0.4	0.2	0
工作试剂/mL	2.0	2.0	2.0	2.0	2.0	2.0
30 ℃水浴显色 30 min						

水浴时间到后于 560 nm 处测出 A_{560},以 H_2O_2 浓度为横坐标,A_{560} 为纵坐标建立标准曲线。

(2) H_2O_2 提取　取上述植物组织 2 g,加 2 mL 冷丙酮匀浆,10000 r/min 离心 10 min,取 1 mL 上清液,加 3 mL 萃取剂,混匀,再加 5 mL 蒸馏水,混匀,5000 r/min 离心 1 min,上层水相为 H_2O_2 待测液。

(3) H_2O_2 测定　各取 1 mL 待测液,加入 2 mL 工作试剂,按标准曲线方法同样处理后于 560 nm 处测定 A_{560}。

4. 结果计算

根据公式计算植物组织中 H_2O_2 含量,即

$$H_2O_2 含量(\mu mol \cdot g^{-1}) = \frac{C \times V_t}{w \times 1000}$$

式中:C 为标准曲线上查得样品中 H_2O_2 浓度($\mu mol \cdot L^{-1}$);

V_t 为样品提取液总体积(注意稀释倍数,mL);

w 为植物组织鲜重(g)。

5. 注意事项

(1)此实验中,保持反应体系中 pH 的稳定(pH1.6,25 mmol $\cdot$ L^{-1} H_2SO_4)是关键,因此在配制试剂和试剂混合过程中比例一定要准确。

(2)样品测定过程中,显色反应条件如温度、显色时间、体积等和标准曲线的要一致。

6. 思考题

(1)二甲酚橙法测定植物过氧化氢含量的原理是什么?

(2)实验中加入萃取剂的目的是什么? 萃取后过氧化氢是在水层还是萃取剂层?

Ⅲ　安替吡啉法

1. 原理

在过氧化物酶(peroxidase,POD 或 horseradish peroxidase,HRP)存在的条件下,以 4-氨基安替吡啉(4-aminoantipyrine,AAP)为底物,以 H_2O_2 为电子受体,催化氧化 AAP,氧化态的 AAP 与 3,5-二氯-2-羟基苯磺酸(3,5-dichloro-2-hydroxybenzenesulfonic acid,DCHBS)偶联形成粉红色的复合物,此复合物的最大光吸收在 515 nm 处,并且摩尔吸光系数 $\varepsilon_{515} = 2.6 \times 10^4$ L $\cdot$ mol^{-1} $\cdot$ cm^{-1},故可根据此摩尔吸光系数计算 H_2O_2 的含量。

2. 材料、仪器设备及试剂

(1)材料　取热激 0 h、热激 4 h 并恢复 4 h 和高温胁迫 17 h 的玉米幼苗。

(2)仪器设备　分光光度计,高速冷冻离心机,微量加样器,分析天平,研钵,量筒,吸量管,刻度试管,试管架,容量瓶,药勺。

(3)试剂　0.2 mol $\cdot$ L^{-1} $HClO_4$;4 mol $\cdot$ L^{-1} KOH、POD 或 HRP 溶液;显色液(100 mL 0.1 mol $\cdot$ L^{-1} pH6.5 的磷酸盐缓冲溶液,内含 25 μL DCHBS 和 10 mg AAP)。

3. 实验步骤

(1)H_2O_2 提取　取上述植物组织 2 g,加入 4 ℃预冷的 0.2 mol $\cdot$ L^{-1} $HClO_4$ 2 mL,匀浆,10000 r/min 离心 10 min,上清液用 4 mol $\cdot$ L^{-1} KOH 调 pH 至 7.5(约需加入 0.1 mL)后,同样条件下再离心,上清液用蒸馏水定容至 3 mL,此液即为 H_2O_2 待测液。

(2)H_2O_2 测定　取 H_2O_2 待测液 2 mL,加入 0.8 mL 显色液和 0.2 mLHRP,25 ℃水浴显色 10 min 后,于 515 nm 处测出 A_{515}。

4. 结果计算

根据摩尔吸光系数计算植物组织中 H_2O_2 含量,即

$$H_2O_2 含量(\mu mol \cdot g^{-1}) = \frac{A_{515} \times V_t \times V_T \times 1000}{\varepsilon_{515} \times w \times V_s}$$

式中：A_{515}为吸光度；

　　　V_t为样品提取液总体积(mL)；

　　　V_s为测定时所用样品提取液体积(mL)；

　　　V_T为显色液体积(mL)；

　　　ε_{515}为摩尔吸光系数，$\varepsilon_{515} = 2.6 \times 10^4$ L · mol^{-1} · cm^{-1}；

　　　w为植物组织鲜重(g)。

5. 注意事项

(1) 此实验中，由于反应体系中有 POD 的参与，故必须用 4 mol · L^{-1} KOH 调提取液 pH 至 7.5 左右后，才能进行显色反应。

(2) 离心后，上清液应定容到一定体积，以便于后面的计算。

6. 思考题

(1) 安替吡啉法测定植物中过氧化氢含量的原理是什么？它与二甲酚橙法、硫酸钛或氯化钛法有什么不同？

(2) 除了上述三种方法以外，你还知道哪些测定植物过氧化氢含量的方法？

Ⅳ　碘化钾法

1. 原理

H_2O_2 是氧化剂，它与碘化钾反应形成 I_2，后者在 390 nm 波长处有最大吸收峰，故可在此波长处测定 I_2 形成的量来计算植物组织中的 H_2O_2 含量。

2. 材料、仪器设备及试剂

(1) 材料　取热激 0 h、热激 4 h 并恢复 4 h 和高温胁迫 17 h 的玉米幼苗。

(2) 仪器设备　分光光度计，高速冷冻离心机，微量加样器，分析天平，研钵，量筒，吸量管，刻度试管，试管架，容量瓶，药勺。

(3) 试剂　0.1% TCA；10 mmol · L^{-1}磷酸钾缓冲溶液(pH 7.0)；1 mol · L^{-1} KI；100 μmol · L^{-1} H_2O_2(取 30% 分析纯 H_2O_2 57 μL，溶于 100 mL 蒸馏水，再稀释100 倍)。

3. 实验步骤

(1) H_2O_2 提取　取上述植物组织 2 g，加入 0.1% TCA 2 mL，匀浆，10000 r/min 离心 10 min，上清液用 0.1% TCA 定容至 2 mL 或记录上清液体积，此液即为 H_2O_2 待测液。

(2) H_2O_2 测定　取 H_2O_2 待测液 1 mL，加入 10 mmol · L^{-1}磷酸钾缓冲溶液(pH 7.0)1 mL，摇匀，再加入 1 mol · L^{-1} KI 2 mL，摇匀后于 390 nm 处测出 A_{390}。

(3) 标准曲线的制作　用 100 μmol · L^{-1} H_2O_2 分别配制 20 μmol · L^{-1}、40 μmol · L^{-1}、60 μmol · L^{-1}、80 μmol · L^{-1}、100 μmol · L^{-1} H_2O_2 各 1 mL，加入 10

mmol · L^{-1} 磷酸钾缓冲溶液(pH 7.0)1 mL,摇匀,再加入 1 mol · L^{-1} KI 2 mL,摇匀后于 390 nm 处测出 A_{390}。以 H$_2$O$_2$ 浓度为横坐标,A_{390} 为纵坐标建立标准曲线或回归方程。

4. 结果计算

根据摩尔吸光系数计算植物组织中 H$_2$O$_2$ 含量,即

$$H_2O_2 含量(\mu mol · g^{-1}) = \frac{A_{390} \times C \times V}{w \times 10^3}$$

式中:A_{390} 为吸光度;

　　C 为标准曲线上查出的 H$_2$O$_2$ 的浓度(μmol · L^{-1});

　　V 为待测样品的总体积(mL);

　　w 为植物组织鲜重(g)。

5. 注意事项

(1) KI 和 H$_2$O$_2$ 最好现用现配。

(2) 离心后,上清液应定容到一定体积,以便于后面的计算。

6. 思考题

(1) 碘化钾法测定植物中过氧化氢含量的原理是什么?它与硫酸钛或氯化钛法、二甲酚橙法和安替吡啉法有什么不同?

(2) 除了上述四种方法以外,你还知道哪些测定植物过氧化氢含量的方法?

实验 21　超氧阴离子自由基产生速率的测定

Ⅰ　羟　胺　法

1. 原理

利用羟胺氧化的方法可以检测生物系统中超氧阴离子自由基 O$_2$ · $^-$ 含量,其原理是:O$_2$ · $^-$ 与羟胺反应生成 NO$_2^-$,NO$_2^-$ 在对氨基苯磺酸和 α-萘胺作用下,生成粉红色的偶氮染料,染料在 530 nm 波长处有显著吸收,根据 A_{530} 可以算出样品中的 O$_2$ · $^-$ 含量。根据测得的 A_{530},查 NO$_2^-$ 标准曲线,将 A_{530} 换算成[NO$_2^-$],然后依照羟胺与 O$_2$ · $^-$ 的反应式:

$$NH_2OH + 2O_2 · ^- + H^+ \Longrightarrow NO_2^- + H_2O_2 + H_2O$$

根据[NO$_2^-$]对[O$_2$ · $^-$]进行化学计量,即将[NO$_2^-$]乘以 2,得到[O$_2$ · $^-$]。根据记录样品与羟胺反应的时间和样品中的蛋白质含量,可求得 O$_2$ · $^-$ 的产生速率。

2. 材料、仪器设备及试剂

(1) 材料　取热激 0 h、热激 4 h 并恢复 4 h 和高温胁迫 17 h 的玉米幼苗。

(2) 仪器设备　分光光度计,高速冷冻离心机,微量加样器,分析天平,恒温水浴锅,研钵,量筒,吸量管,刻度试管,试管架,容量瓶。

(3) 试剂　50 mmol · L^{-1} 磷酸盐缓冲溶液(pH 7.8),1 mmol · L^{-1} 盐酸羟胺,

17 mmol・L^{-1} 对氨基苯磺酸(以冰醋酸与水体积比为 3∶1 配制),7 mmol・L^{-1} α-萘胺(以冰醋酸与水体积比为 3∶1 配制)。

3. 实验步骤

(1) 制作标准曲线　用 100 μmol・L^{-1} $NaNO_2$ 母液配制 0 μmol・L^{-1}、5 μmol・L^{-1}、10 μmol・L^{-1}、15 μmol・L^{-1}、20 μmol・L^{-1}、25 μmol・L^{-1}、30 μmol・L^{-1} $NaNO_2$ 各 2 mL,分别加入 2 mL 对氨基苯磺酸和 2 mL α-萘胺,于 25 ℃中保温 20 min,然后测定 A_{530},以[NO_2^-]和测得的 A_{530} 值作图,制得 NO_2^- 标准曲线。

(2) 植物提取液的制备　取上述植物组织 2 g,加 50 mmol・L^{-1} 磷酸盐缓冲溶液(pH 7.8)2 mL,充分研磨,10000 r/min 离心 20 min,上清液即为 $O_2\cdot^-$ 产生的待测液。

(3) $O_2\cdot^-$ 产生速率的测定　0.5 mL 样品提取液中加入 0.5 mL 50 mmol・L^{-1} 磷酸盐缓冲溶液(pH 7.8),1 mL 的 1 mmol・L^{-1} 盐酸羟胺,摇匀,于 25 ℃保温 1 h,然后加入 2 mL 17 mmol・L^{-1} 对氨基苯磺酸和 2 mL 7 mmol・L^{-1} α-萘胺,混合,于 25 ℃保温 20 min,取出,以分光光度计测定 530 nm 波长处的吸光度值。

4. 结果计算

根据原理计算出不同处理的植物组织中 $O_2\cdot^-$ 的产生速率,即

$$O_2\cdot^- 产生速率(\mu mol・g^{-1}・min^{-1}) = \frac{C \times V_t \times N \times 2}{t \times w}$$

式中:C 为标准曲线上查得的样品中 NO_2^- 浓度(μmol・L^{-1});

　　V_t 为样品提取液总体积,即 3×10^{-3} L;

　　N 为样品提取液稀释倍数,即 4;

　　w 为植物组织鲜重(g);

　　t 为反应时间,即 60 min。

5. 注意事项

如果样品中含有大量叶绿素将干扰测定,可在样品与羟胺温育后,加入等体积的乙醚萃取叶绿素,然后加入对氨基苯磺酸和 α-萘胺作 NO_2^- 的显色反应。

6. 思考题

(1) 羟胺法测定植物超氧阴离子自由基产生速率的原理是什么? 能否用此法测定植物组织中的超氧阴离子自由基含量?

(2) 植物体内超氧阴离子自由基产生的途径有哪些? 植物如何调控其水平?

Ⅱ　XTT 比色法

1. 原理

XTT(1-羟苯氨-3,4-四唑双甲基-6-硝基苯磺酸钠)是一种在 1988 年首次被报道的水溶性四唑盐,自从那时起,它就被用作细胞电子转移系统的底物。氮蓝四唑(NBT)具有一个双四唑盐结构,而 XTT 的结构则为单四唑盐并且有两个磺酸基团。

植物受逆境胁迫或衰老的过程中产生的 $O_2 \cdot^-$ 还原 XTT 为棕黄色水溶性的甲臜(formazan)。甲臜于 470 nm 处有最大吸收峰,其摩尔吸光系数为 $\varepsilon_{470} = 2.16 \times 10^4$ L·mol^{-1}·cm^{-1},并且在一定范围内吸光度(A_{470})与甲臜形成的量成正比,符合朗伯-比尔定律,故可用吸光度 A_{470} 表示质膜 NADPH 氧化酶活性的大小。此外,也可以用细胞色素 C(Cyt C)或氮蓝四唑(NBT)取代 XTT,它们的摩尔吸光系数分别为 $\varepsilon_{550} = 2.1 \times 10^4$ L·mol^{-1}·cm^{-1} 和 $\varepsilon_{530} = 1.28 \times 10^4$ L·mol^{-1}·cm^{-1}。

2. 材料、仪器设备及试剂

(1) 材料　取热激 0 h、热激 4 h 并恢复 4 h 和高温胁迫 17 h 的玉米幼苗。

(2) 仪器设备　分光光度计,比色皿,微量加样器,试管,试管架。

(3) 试剂　提取液(50 mmol·L^{-1} Tris-HCl 缓冲溶液(pH7.5),内含 1% 聚乙烯吡咯烷酮(PVP)和 1 mmol·L^{-1} EDTA);1.1 mmol·L^{-1} XTT。

3. 实验步骤

(1) 植物提取液的制备　取上述植物组织 3 g,加提取液 3 mL,充分研磨,10000 r/min 离心 20 min,上清液即为 $O_2 \cdot^-$ 产生的待测液。

(2) $O_2 \cdot^-$ 产生速率的测定　于 1.5 mL 样品提取液中加入 1.5 mL 50 mmol·L^{-1} Tris-HCl 缓冲溶液(pH7.5)和 300 μL XTT(终浓度为 100 μmol·L^{-1})启动反应,于 30 ℃ 保温 30 min,于 470 nm 处测出 A_{470}。以不加 XTT 的相同反应体系作为空白调零。

4. 结果计算

根据原理中的摩尔吸光系数计算出 $O_2 \cdot^-$ 产生的速率,即

$$O_2 \cdot^- \text{产生速率}(nmol \cdot g^{-1} \cdot min^{-1}) = \frac{A_{470} \times V_t \times V_T \times 10^6}{\varepsilon_{470} \times w \times V_s \times t}$$

式中:A_{470} 为样品的吸光度;

　　　V_t 为样品提取液总体积,即 0.5 mL;

　　　V_s 为测定时所用样品提取液体积,即 1.5 mL;

　　　V_T 为显色液体积(mL);

　　　t 为反应时间,即 30 min;

　　　ε_{470} 为 470 nm 处的摩尔吸光系数(L·mol^{-1}·cm^{-1});

　　　w 为植物组织鲜重(g)。

5. 注意事项

如果样品中含有大量叶绿素将干扰测定,可在样品与 XTT 反应后,加入等体积的萃取液(CCl_4-$CHCl_3$,体积比为 3:1)萃取叶绿素,然后测定。

6. 思考题

(1) 什么是 ROS? 它们是一种毒素还是一种信号分子?

(2) 比较这些 ROS 测定方法的异同点和优缺点。

(3) 除了这些方法外,你还知道哪些测定 ROS 的方法?

实验 22　一氧化氮(NO)含量的测定

1．原理

NO 是植物体中的一种新的信号分子,参与气孔运动、生长发育及植物抗逆性获得等多种生理过程,有的学者也把它列入活性氧范畴。NO 溶于水形成 NO_2^-,NO_2^- 在对氨基苯磺酸和 α-萘胺作用下,生成粉红色的偶氮染料,该染料在 530 nm 处有显著吸收,根据 A_{530} 可以算出样品中的 NO 含量。

2．材料、仪器设备及试剂

(1) 材料　取热激 0 h、热激 4 h 并恢复 4 h 和高温胁迫 17 h 的玉米幼苗。

(2) 仪器设备　分光光度计,高速冷冻离心机,微量加样器,分析天平,恒温水浴锅,研钵,量筒,吸量管,刻度试管,试管架,容量瓶。

(3) 试剂　提取液(内含 4% 醋酸锌的 50 mmol·L^{-1} 醋酸盐缓冲溶液(pH 3.6)),17 mmol·L^{-1} 对氨基苯磺酸(以冰醋酸与水体积比为 3∶1 配制),7 mmol·L^{-1} α-萘胺(以冰醋酸与水体积比为 3∶1 配制),活性炭。

3．实验步骤

(1) 制作标准曲线　用 100 μmol·L^{-1} NaNO_2 母液配制 0 μmol·L^{-1}、5 μmol·L^{-1}、10 μmol·L^{-1}、15 μmol·L^{-1}、20 μmol·L^{-1}、25 μmol·L^{-1}、30 μmol·L^{-1} NaNO_2 各 1 mL,分别加入 1 mL 对氨基苯磺酸和 1 mL α-萘胺,于 25 ℃保温 20 min,然后测定 A_{530},以 $[NO_2^-]$ 和测得的 A_{530} 值作图,制得 NO_2^- 标准曲线。

(2) 植物提取液的制备　取上述植物组织 2 g,加入 2 mL 提取液,充分研磨,于 4 ℃下 10000 r/min 离心 15 min,上清液中加入 0.1 g 活性炭,摇匀,于 4 ℃下 12000 r/min 离心 15 min,上清液即为 NO 产生的待测液。

(3) NO 含量的测定　1 mL 样品提取液中加入 1 mL 17 mmol·L^{-1} 对氨基苯磺酸,摇匀,再加入 1 mL 7 mmol·L^{-1} α-萘胺,混合,于 25 ℃保温 20 min,于 530 nm 处测定 A_{530}。

4．结果计算

$$NO\ 含量(\mu mol·g^{-1}) = \frac{C \times V_t}{w \times 10^3}$$

式中:C 为标准曲线上查得样品中 NO_2^- 浓度(μmol·L^{-1});

　　　V_t 为样品提取液总体积,即 2 mL;

　　　w 为植物组织鲜重(g)。

5．注意事项

如果样品中色素含量比较低,如根系等非光合组织,可省去加入活性炭的步骤。

6．思考题

(1) 此法测定植物组织中的 NO 含量和羟胺法测定超氧阴离子自由基产生速率有何异同点?

（2）NO 参与植物体的哪些生理过程？

3.9　玉米幼苗在热激及其后的高温胁迫和恢复过程中钙调素活性的变化

以钙和钙调素（calmodulin,CaM）为核心的钙信使系统在植物对各种逆境胁迫的感受、信号传导和适应过程中起重要作用,所以对组织钙调素水平的定量检测显得尤其重要。目前对 CaM 含量测定的方法主要有酶法、酶联免疫法和放射免疫法等。虽然放射免疫法和酶联免疫法灵敏度较高,但是比较而言,酶法简便易行,并且所测定的 CaM 为具有生物活性的 CaM,而放射免疫法和酶联免疫法检测的是总 CaM 含量。酶法是利用 CaM 依赖的酶定量地受 CaM 激活来检测 CaM 活性与含量的。常用的 CaM 依赖工具酶有磷酸二酯酶（PDE）、NAD 激酶（NADK）、谷氨酸脱羧酶（GAD）等。

实验 23　磷酸二酯酶的提取和活性测定

1. 原理

牛脑是磷酸二酯酶（PDE）含量较高的器官,因此 CaM 活性测定时常从牛脑中提取 PDE,根据 PDE 活性受 CaM 调控的原理测定 CaM 活性。从牛脑中提取的 PDE 能够被 30% ～ 55% 饱和度的硫酸铵沉淀而实现初步分离和提纯,然后根据 PDE 与 DEAE2 纤维素结合的特性,上柱后通过用 0.15 mmol · L^{-1} NaCl 提高离子强度使 PDE 从 DEAE2 上洗脱下来,从而得到较高纯度的 PDE。用透析袋对收集的 PDE 溶液进行透析并加入终浓度为 20% 的甘油后于 −85 ℃ 下保存。

2. 材料、仪器设备及试剂

（1）材料　新鲜牛脑。

（2）仪器设备　高速冷冻离心机,匀浆器,磁力搅拌器,层析柱,自动收集器,紫外检测仪或紫外分光光度计,水浴锅,试管架,试管,离心管等。

（3）试剂　缓冲溶液 A（20 mmol · L^{-1} Tris-HCl,内含 1 mmol · L^{-1} EGTA,pH 7.5）;缓冲溶液 B（20 mmol · L^{-1} Tris-HCl,内含 1 mmol · L^{-1} 咪唑、1 mmol · L^{-1} $MgCl_2$、0.1 mmol · L^{-1} EGTA、1 mmol · L^{-1} 巯基乙醇,pH 7.5）;反应缓冲溶液（40 mmol · L^{-1} Tris-HCl、40 mmol · L^{-1} 咪唑、5 mmol · L^{-1} $MgCl_2$、0.5 mmol · L^{-1} $CaCl_2$,pH 7.5）;硫酸铵;NaCl;cAMP;蛇毒;硫酸;三氯乙酸;钼酸铵;维生素 C;定磷试剂（3 mol · L^{-1} H_2SO_4、H_2O、2.5% NH_4MoO_4、10% 维生素 C,体积比为 1 : 2 : 1 : 1,现用现混合）。

3. 实验步骤

（1）PDE 的提取　取 150 g 新鲜牛脑,加入 300 mL 预冷的缓冲溶液 A,匀浆,以

25000g 离心 30 min。上清液首先进行 30％饱和度的硫酸铵盐析，搅拌并静置 30 min 后，以 25000g 离心 30 min。取上清液，进一步进行 55％饱和度的硫酸铵盐析，之后以 25000g 离心 30 min。

（2）上柱及洗脱　取沉淀，溶于缓冲溶液 A 中，对缓冲溶液 A 透析，而后以 25000g 离心 30 min，取上清液，用缓冲溶液 B 预平衡 DEAE2 纤维素 52 柱（2 cm× 8 cm），上样后柱先后用缓冲溶液 B 和含 0.1 mol·L^{-1} NaCl 的缓冲溶液 B 淋洗至基线，最后用含 0.15 mol·L^{-1} NaCl 的缓冲溶液 B 洗脱，并收集洗脱液（每管 3 mL），合并 A_{280} 大于 0.5 的蛋白高峰管溶液。

（3）透析及保存　用收集的洗脱液对缓冲溶液 B 进行透析，透析后的洗脱液加入终浓度为 20％的甘油，分装，用液氮速冻后于 -85 ℃下保存。以上操作均在 4 ℃下进行。

（4）PDE 活性的测定　冰浴中，在含 PDE 提取物约 15 μL（视活性而定）的 0.5 mL反应缓冲溶液中，加入标准 CaM（一般为 6～15 μL），再加入 50 μL 20 mmol ·L^{-1} 的 cAMP 以启动反应，转入 30 ℃水浴下反应 30 min。反应到时后将试管转移至沸水浴中 4 min，终止反应，然后立即用冰浴冷却，再加入 100 μL 1 mg·mL^{-1}的蛇毒（5-核苷酸磷脂酶），于 30 ℃水浴中反应 20 min，加入 70 μL 55％ TCA 终止反应。以 20000g 离心 10 min，取 600 μL 上清液测无机磷，以测定 PDE 的活性。

（5）无机磷含量的测定　取 600 μL 上清液，加入定磷试剂 600 μL，摇匀，45 ℃下显色 25 min，冷却，测出 A_{660}。

4. 结果计算

以 PDE 在 pH 7.5 和 30 ℃下，每 1 min 水解 1.0 μmol 的 cAMP 成 5′-AMP 所需要的 PDE 量为 1 个活性单位计算 PDE 活性。

5. 思考题

（1）阐明 DEAE2 纤维素分离纯化 PDE 的原理。

（2）实验中加入蛇毒的目的是什么？

（3）PDE 提取、纯化和测定中要注意哪些问题？

实验 24　玉米幼苗中 CaM 活性的测定

1. 原理

PDE 的绝大部分活性受 CaM 调控，即绝大部分 PDE 是 CaM 依赖的。当反应体系中 PDE 足够多时，其活性的大小取决于所加入的 CaM 的多少或活性的大小。在一定范围内，PDE 活性与加入的 CaM 量或活性成正比。经过 CaM 激活的 PDE 以 cAMP 为底物，催化磷酸二酯键断裂产生 5′-cAMP，而蛇毒中的磷脂酶以 5′- cAMP 为底物，催化磷酸键断裂形成无机磷，无机磷与定磷试剂发生反应后，生成蓝色的复合物。在一定范围内，颜色的深浅与 CaM 活性成正比，因此可用单位时间内产生的无机磷多少表示相应的 CaM 活性大小。

2. 材料、仪器设备及试剂

(1) 材料　取热激 0 h、热激 4 h 并恢复 4 h 和高温胁迫 17 h 的玉米幼苗。

(2) 仪器设备　分光光度计,水浴锅,秒表,比色皿,试管架,试管等。

(3) 试剂　提取液:50 mmol·L^{-1} Tris-HCl、1 mmol·L^{-1} EGTA、1 mmol·L^{-1}苯甲基磺酰氟(PMSF)、20 mmol·L^{-1} NaHSO$_3$、0.15 mmol·L^{-1} NaCl,pH 7.5。反应缓冲溶液:40 mmol·L^{-1} Tris-HCl、40 mmol·L^{-1}咪唑、5 mmol·L^{-1} MgCl$_2$、0.5 mmol·L^{-1} CaCl$_2$,pH 7.5。20 mmol·L^{-1} cAMP;1 mg·mL^{-1}蛇毒;硫酸;三氯乙酸;钼酸铵;维生素 C;定磷试剂(3 mol·L^{-1} H$_2$SO$_4$、H$_2$O、2.5% NH$_4$MoO$_4$、10%维生素 C 的配比为 1:2:1:1,现用现混合)。

3. 实验步骤

(1) CaM 提取　取玉米黄化幼苗中胚轴 0.1 g,液氮下捣碎,然后加入 0.5 mL 提取液匀浆,在 4 ℃下以 20000g 离心 30 min。上清液可直接分装,液氮冰冻后在 −85 ℃下保存备用。如需进行热变性,样品首先转入 90 ℃水浴加热 3 min,再在冰浴中快速冷却,以 20000g 离心 30 min,上清液分装备用。

(2) CaM 活性的测定　冰浴中,在含 0.005 U PDE(PDE 提取物约 15 μL)的 0.5 mL 反应缓冲溶液中,加入标准 CaM 或一定体积的植物 CaM 提取液(一般为 6~15 μL),再加入 50 μL 20 mmol·L^{-1}的 cAMP 以启动反应,转入 30 ℃水浴下反应 30 min。反应到时后试管转移至沸水浴中 4 min 终止反应,然后立即用冰浴冷却,再加入 100 μL 1 mg·mL^{-1}的蛇毒(磷酸二酯酶),于 30 ℃水浴中反应 20 min,加入 70 μL 55% TCA 终止反应。以 20000g 离心 10 min,取 600 μL 上清液测无机磷,以测定 PDE 的活性。

(3) 无机磷含量的测定　取 600 μL 上清液,加入定磷试剂 600 μL,摇匀,45 ℃下显色 25 min,冷却,测出 A_{660}。

4. 结果计算

1 个活性单位的 CaM 是指在 pH 7.5、30 ℃和 0.01 mmol·L^{-1} Ca^{2+}存在的条件下,激活 0.008 个单位 PDE 至最大活性 50% 时所需要的 CaM 的量(Sigma 公司的 CaM 活性定义)。在每次测定中,以一组加入过量的标准 CaM(5 个单位)的试管作为最大激活组,以一组不加 CaM 的试管作为 PDE 激活的零对照(PDE 基础活性),以此来计算样品中 CaM 对 PDE 激活的百分率,进而用直线回归方程来计算样品的 CaM 活性(U·mg^{-1}或 U·g^{-1})。

5. 思考题

(1) 此实验中,加入 PMSF、EGTA、NaHSO$_3$、NaCl 和咪唑的目的是什么?

(2) 实验中 PDE 为什么会存在基础活性?

(3) 实验中为什么进行沸水浴后马上又要进行冰浴?

3.10 玉米幼苗在热激及其后的恢复和高温胁迫过程中 质膜 NADPH 氧化酶和 H^+-ATPase 活性的变化

分离植物微囊泡,研究不同植物组织及不同环境下膜结构、组成、功能的变化,对于探讨植物和环境的相互作用,尤其是逆境下植物自身的保护机制,具有重要意义。质膜 NADPH 氧化酶是植物细胞产生 $O_2 \cdot^-$ 的主要酶源之一,特别是在高温、干旱、盐渍、病虫害等逆境条件下,其活性表现出不同程度的上升,成为 $O_2 \cdot^-$ 积累的主要贡献者。同时,高温等逆境胁迫引起膜系统受损导致膜蛋白酶活性降低,进而影响其正常功能的发挥。本部分在分离、纯化质膜微囊泡的基础上,进一步测定质膜 NADPH 氧化酶和 H^+-ATPase 活性,以阐明不同逆境处理阶段玉米幼苗质膜 NADPH 氧化酶和 H^+-ATPase 活性的变化趋势。

实验 25 质膜微囊泡的分离和纯化

1. 原理

利用大分子多聚物在一定浓度下相互不溶的特性,组成含 85% 水的两相,即可用来进行生物大分子的分离纯化。常用的大分子多聚物是葡聚糖和聚乙二醇(PEG)。在由葡聚糖和聚乙二醇组成的水性两相中,由于密度和分子表面极性等特征的不同,质膜主要存在于聚乙二醇(上相)中。将一定量粗提质膜溶液加入样品系统液中,充分混合两相,待分层清晰后,分离两相,然后分别用相同体积的另一相洗涤,多次重复,以逐步纯化质膜。

2. 材料、仪器设备及试剂

(1) 材料 取热激 0 h,热激 4 h 并恢复 4 h 和高温胁迫 17 h 的玉米幼苗。

(2) 仪器设备 超速离心机,匀浆器或研钵,量筒,吸量管,刻度试管,试管架,容量瓶。

(3) 试剂 匀浆液:15 mmol・L^{-1} Tris-MES(2-N-吗啡啉乙磺酸)缓冲溶液(pH 7.8),内含 1 mmol・L^{-1} EDTA,0.25 mmol・L^{-1} 蔗糖,6 g・L^{-1} 聚乙烯吡咯烷酮(PVP),1 mmol・L^{-1} 苯甲基磺酰氟(PMSF),1 mmol・L^{-1} 二硫苏糖醇(DTT)。悬浮液:5 mmol・L^{-1} 磷酸盐缓冲溶液(pH 7.8),内含 0.1 mmol・L^{-1} Tris-MES(pH 7.8),5 mmol・L^{-1} 二硫苏糖醇(DTT)。样品系统液:64 g・L^{-1} 聚乙二醇-3350,64 g・L^{-1} 葡聚糖-T500,0.25 mmol・L^{-1} 蔗糖,4.7 mmol・L^{-1} 磷酸盐缓冲溶液(pH 6.8)。洗涤系统液:64 g・L^{-1} 聚乙二醇-3350,64 g・L^{-1} 葡聚糖-T500,0.25 mmol・L^{-1} 蔗糖,4.7 mmol・L^{-1} 磷酸盐缓冲溶液(pH 6.8)。样品系统液和洗涤系统液的制备按照表 3-7 进行。

表 3-7 分离质膜的样品系统液和洗涤系统液的配制

母　液	样品系统液	洗涤系统液
$200 \ g \cdot L^{-1}$ 葡聚糖-T500	5.12 g	5.12 g
$400 \ g \cdot L^{-1}$ 聚乙二醇-3350	2.56 g	2.56 g
$1 \ mol \cdot L^{-1}$ 蔗糖	4.00 mL	4.00 mL
$200 \ mmol \cdot L^{-1} \ K_3PO_4 (pH \ 6.8)$	375 μL	375 μL
H_2O	15.0 mL	15.0 mL
膜[悬浮在 $5 \ mmol \cdot L^{-1} \ K_3PO_4 (pH \ 6.8)$]	1.0 g	

3. 实验步骤

(1) 质膜的提取　取一定的上述玉米幼苗置于研钵中,加入少量的液氮使之变脆,按 $2 \ mL \cdot g^{-1}$(以组织质量计)加入匀浆液和少许石英砂快速研磨。用 4 层纱布过滤,采用差速离心的方法使质膜富集,10000g 离心 15 min 除去组织和细胞器,上清液通过 80000g 离心 30 min,收集沉淀,加悬浮液,由于此溶液中不含渗透保护剂蔗糖,溶液渗透势低,从而使包在膜微囊中的膜释放出来,成为粗提质膜。

(2) 水性两相法纯化质膜　按粗提质膜与样品系统液体积为 1∶15 的比例充分混合,另外准备同样体积的充分混合的两份洗涤系统液,分别放在 3 支离心管中,1000g 离心 5 min,将上相(PEG)和下相(葡聚糖-T500)分层。第一次转移时,将 A 管上相 90% 的液体转移到去掉 90% 上相的 B 管,然后将 C 管 90% 的上相转移到 A 管,充分混合后离心分相。第二次转移时,将 B 管 90% 上相转移到 C 管,将 A 管 90% 的上相转移到 B 管,弃 A 溶液,离心分相。第三次转移时将 C 管 90% 上相(CU1)转移到收集管,将 B 管 90% 上相转移到 C 管,离心分相。第四次转移时将 C 管 90% 上相(CU2)转移到收集管。

在将上相质膜沉淀时,需将上相稀释 3～5 倍,120000g 离心 30 min,收集沉淀。如果纯化质膜得率较低,为了使样品不损失,可将下相稀释 8～10 倍,收集沉淀。合并两次沉淀,加悬浮液[215 $mmol \cdot L^{-1}$ Tris-MES(pH 7.8),内含 5 $mmol \cdot L^{-1}$ 二硫苏糖醇(DTT),0.25 $mmol \cdot L^{-1}$ 蔗糖]用玻璃匀浆器匀浆,此为纯化质膜。纯化质膜按每次需要量分装,保存于液氮中备用。

4. 注意事项

(1) 纱布过滤时为防止污染,需要戴一次性手套。

(2) 粗提质膜的浓度不宜太大,否则易产生沉淀,影响纯化,一般蛋白质含量以在 1～5 $mg \cdot mL^{-1}$ 范围为宜。

(3) 质膜纯化后需要检测纯度,即测定不同膜特意性酶抑制剂存在下酶的活性。

5. 思考题

(1) 两相分配法分离质膜的原理是什么?能否用此法分离细胞膜、叶绿体膜或液泡膜?

(2) 如何鉴定质膜的纯度?

(3) 如何测定质膜囊泡中的蛋白质浓度?

实验 26　质膜 NADPH 氧化酶活性的测定(XTT 比色法)

1. 原理

XTT(1-羟苯氨-3,4-四唑双甲基-6-硝基苯磺酸钠)是一种在 1988 年首次被报道的水溶性四唑盐,自从那时起,它就被用作细胞电子转移系统的底物。NBT 具有一个双四唑盐结构,而 XTT 的结构则为单四唑盐并且有两个磺酸基团。质膜 NADPH 氧化酶以 NADPH 为电子供体,以 O_2 为电子受体,催化 NADPH 氧化形成超氧阴离子自由基 $O_2 \cdot ^-$,$O_2 \cdot ^-$ 进一步还原 XTT 为棕黄色水溶性的甲臜(formazan)。甲臜在 470 nm 处有最大吸收峰,其摩尔吸光系数为 $\varepsilon_{470} = 2.16 \times 10^4$ L $\cdot$ mol^{-1} $\cdot$ cm^{-1},并且在一定范围内吸光度(A_{470})与甲臜形成的量成正比,符合朗伯-比尔定律,故可用吸光度 A_{470} 表示质膜 NADPH 氧化酶活性的大小。此外,也可以用细胞色素 C(Cyt C)或氮蓝四唑(NBT)取代 XTT,它们的摩尔吸光系数分别为 $\varepsilon_{550} = 2.1 \times 10^4$ L $\cdot$ mol^{-1} $\cdot$ cm^{-1} 和 $\varepsilon_{530} = 1.28 \times 10^4$ L $\cdot$ mol^{-1} $\cdot$ cm^{-1}。

2. 材料、仪器设备及试剂

(1) 材料　实验 25 纯化的质膜。

(2) 仪器设备　分光光度计,比色皿,微量加样器,试管,试管架。

(3) 试剂　反应混合液:50 mmol $\cdot$ L^{-1} Tris-HCl 缓冲溶液(pH 7.5),内含 0.5 mmol $\cdot$ L^{-1} XTT,20 μg 膜蛋白(按照 Bradform 法测定蛋白质含量)。2 mmol $\cdot$ L^{-1} NADPH,超氧化物歧化酶(SOD)。

3. 实验步骤

质膜 NADPH 氧化酶活性:取反应混合液 1.95 mL,加入 50 μL 1 mmol $\cdot$ L^{-1} NADPH 启动反应,测定 5 min 内 470 nm 处的 A_{470} 变化。在相同的反应体系中加入终浓度为 50 U $\cdot$ mL^{-1} 的 SOD,作为空白调零。

4. 结果计算

根据原理中的摩尔吸光系数计算出质膜 NADPH 氧化酶的活性(nmol $\cdot$ mg^{-1} $\cdot$ min^{-1})。

$$\text{NADPH 氧化酶的活性(nmol} \cdot \text{mg}^{-1} \cdot \text{min}^{-1}) = \frac{A_{470} V_T \times 10^6}{\varepsilon_{470} wt}$$

式中:A_{470} 为样品的吸光度;

V_T 为显色液体积(mL);

t 为反应时间,即 30 min;

w 为膜蛋白质量(μg)。

5. 思考题

(1) 用 XTT 比色法测定质膜 NADPH 氧化酶活性的原理是什么? 测定质膜

NADPH 氧化酶活性有什么生物学意义？

（2）干扰 XTT 法测定质膜 NADPH 氧化酶活性的因素有哪些？如何更准确地测定质膜 NADPH 氧化酶活性？

实验 27　　质膜 H^+-ATPase 活性的测定

1. 原理

H^+-ATPase 是细胞质膜上的标志酶，具有控制细胞内 pH 值、产生电化学梯度、促进离子及分子运输等重要生理功能，并参与植物细胞对逆境的反应与适应，对高温胁迫表现出高度敏感性和可塑性，该酶活性的变化被认为是植物细胞对高温胁迫的最初生理反应。一般认为，ATP 酶活性较稳定的植物其抗热性较强。

质膜 H^+-ATPase 活性大小是根据单位时间内，单位蛋白中 H^+-ATPase 水解 ATP 产 Pi 的多少确定的。Pi 用钼蓝法测定。活性测定时，质膜的纯度对结果影响较大，故采用两相分配法充分纯化质膜，而后测定 H^+-ATPase 的活性。

2. 材料、仪器设备及试剂

（1）材料　实验 25 纯化的质膜。

（2）仪器设备　分光光度计，比色皿，微量加样器，试管，试管架。

（3）试剂　$0.5\ mmol \cdot L^{-1}\ KNO_3$；$20\ mmol \cdot L^{-1}\ MgSO_4$；$5\ mmol \cdot L^{-1}\ NaN_3$；$5\ mmol \cdot L^{-1}\ Hepes\text{-}Tris(pH\ 6.5)$；$1\ mmol \cdot L^{-1}$ 钼酸铵。$20\ mmol \cdot L^{-1}$ ATP-Tris 溶液：称取 $1.1022\ g$ ATP 钠盐，用蒸馏水溶解后，经阳离子交换树脂处理，抽滤，滤液即为酸性 ATP，用 Tris 将滤液 pH 值调至 7.5，最后定容至 100 mL。酶反应终止液：5% 钼酸铵，$5\ mol \cdot L^{-1}\ H_2SO_4$，钼酸铵、$H_2SO_4$、$H_2O$ 以 1∶1∶3 比例混合。显色液：0.25 g 氨基苯磺酸溶于 100 mL 1.5% Na_2SO_3 溶液中，调 pH 值至 5.5，然后加 0.5 g Na_2SO_4 溶解，混匀。标准磷溶液：准确称取 13.6 mg KH_2PO_4（经 105 ℃烘至恒重），定容至 1000 mL，配制成 $100\ \mu mol \cdot L^{-1}\ KH_2PO_4$ 的标准溶液，测定时，再对其进一步稀释。

3. 实验步骤

（1）质膜 H^+-ATPase 活性的测定　反应体系体积为 0.5 mL，反应液中含 200 μL Hepes-Tris 缓冲溶液，50 μL $MgSO_4$ 溶液，50 μL KNO_3 溶液（抑制液泡膜 H^+-ATPase活性），50 μL NaN_3 溶液，50 μL 钼酸铵溶液，50 μL 质膜提取液（含 100～200 μg 膜蛋白），以 50 μL $20\ mmol \cdot L^{-1}$ ATP-Tris 启动反应。

将反应试管放到 37 ℃的温水浴中，反应 20 min 后，加入酶反应终止液 1 mL，而后加入显色液 0.2 mL，摇匀，室温下放置 40 min 后于 660 nm 处比色。以反应前立即加终止液者作为空白对照。根据无机磷标准曲线计算出对照组和胁迫实验组样品中的无机磷含量。

（2）无机磷标准曲线制作　配制 0 $\mu mol \cdot L^{-1}$、2 $\mu mol \cdot L^{-1}$、4 $\mu mol \cdot L^{-1}$、6

μmol · L^{-1}、8 μmol · L^{-1}、10 μmol · L^{-1} KH$_2$PO$_4$ 标准溶液,分别取 50 μL,代替质膜提取液加入反应体系中。再加 1 mL 终止液、0.2 mL 显色液,室温放置 40 min 后于 660 nm 处比色,制作标准曲线。

(3) 蛋白质测定　采用考马斯亮蓝法测定两组质膜提取液的蛋白质含量。

4. 结果计算

根据所求无机磷和蛋白质含量以及反应时间(20 min)计算酶活性,以 μmol · mg^{-1} · min^{-1} 表示。

$$H^+\text{-ATPase 活性}(\mu mol \cdot mg^{-1} \cdot min^{-1}) = \frac{1000C}{wt}$$

式中:C 为标准曲线中查出的无机磷的量(μmol);

$\quad$ t 为酶促反应时间,即 20 min;

$\quad$ w 为 50 μL 质膜提取液中的膜蛋白含量(μg)。

5. 思考题

(1) 什么是 H$^+$-ATPase? 它有什么生理功能?

(2) 试比较正常生长的玉米幼苗和不同处理后玉米幼苗的 H$^+$-ATPase 活性的差异。

3.11　玉米幼苗在热激及其后的恢复和高温胁迫过程中呼吸速率的变化

植物的呼吸作用过程就是在酶催化下的氧化还原过程,在此过程中有些物质失去了电子而被氧化,而另一些物得到电子而被还原,同时伴随着 ATP 的形成以提供生命活动所需的能量,因此凡是影响酶促反应速率的因素都会影响呼吸过程。植物在高温等逆境胁迫过程中,由于呼吸酶被不同程度地破坏或失活,因此表现出呼吸作用的不确定性。本部分内容试图阐明玉米幼苗在热激及其后的高温胁迫过程中呼吸作用的变化规律及其与耐热性形成之间的关系。

实验 28　用光合蒸腾作用测定系统测定植物呼吸速率

1. 原理

光合蒸腾作用测定系统工作原理:许多由异原子组成的气体分子对红外线都有特异的吸收带。CO$_2$ 的红外吸收带有四处,其吸收峰分别在 2.69 μm、2.77 μm、4.26 μm 和 14.99 μm 处,其中只有 4.26 μm 的吸收带不与 H$_2$O 的吸收带重叠,光合蒸腾作用测定系统内设置仅让 4.26 μm 红外光通过的滤光片,当该波长的红外光经过含有 CO$_2$ 的气体时,能量就因 CO$_2$ 的吸收而降低,降低的多少与 CO$_2$ 的浓度有关,并服从朗伯-比尔定律。分别供给光合蒸腾作用测定系统含与不含 CO$_2$ 的气体,光合蒸腾作用测定系统的检测器便可通过检测红外光能量的变化而输出反映 CO$_2$ 浓度的电信号。

2. 材料、仪器设备及试剂

(1) 材料　取热激 0 h、热激 4 h 并恢复 4 h 和高温胁迫 17 h 的玉米幼苗。

(2) 仪器设备　CB-1101 型光合蒸腾作用测定系统,呼吸室,碱石灰管。

(3) 试剂　碱石灰。

3. 实验步骤

(1) 按下"电源"开关按钮(若听到嘀嘀的报警声应开启充电装置进行充电),主机气嘴接头上的"ON"和"OUT"端口分别与空气流量计上的"ON"和"OUT"相连(不能接反),按下"气路"按钮接通空气,并用"流量调节"旋钮调节空气流速为 0.6 L · min^{-1} 左右。

(2) 调零　将碱石灰管上标有"ON1"和"OUT1"的两端气嘴分别与主机上标有"ON1"和"OUT1"的接口相连(不能接反),在闭路状态下("闭路"按钮突起)按下"测初"按钮,主机显示器上将显示 CO_2 的浓度,其值将逐渐减小,直到其值不变时,若 CO_2 浓度没有回到"0",用"CO_2 浓度调节"旋钮将其调到"0",并按下"完成"按钮以锁定参数,卸下碱石灰管并把主机上标有"ON1"和"OUT1"的接口用导管连接起来。

(3) 把闭路叶室两端标有"ON2"和"OUT2"的接口与主机上标有"ON2"和"OUT2"的接口相连(不能接反),在叶室空白(不夹材料)情况下按下"测初"按钮,当 CO_2 浓度稳定后按下"完成"按钮以锁定参数并记录或直接记录,不用按下"完成"按钮。

(4) 选择合适的叶室,打开叶室,将待测材料夹于叶室中(记录叶室的面积),连接好叶室后按下"测终"按钮,注意观察主机右上角的记录时间,一般测定 30～60 s 后,按下"完成"按钮以锁定参数并记录 CO_2 浓度、温度、测定时间等参数。

(5) 关机　顺序与开机相反,即先弹起"完成"按钮(轻轻按一下"测终"按钮让它们一起弹起),然后依次弹起"气路"按钮和"电源"按钮,最后卸下叶室、导管和空气流量计等,盖好主机盖子后置于干燥、平稳的地方。

4. 结果计算

根据下列公式计算出不同处理的植物组织呼吸速率(CO_2):

$$u(\mu L \cdot g^{-1} \cdot min^{-1}) = \frac{(C_1 - C_0)V}{1000wt}$$

式中:C_1 为主机上测出的 CO_2 终浓度($\mu L \cdot L^{-1}$);

　　C_0 为主机上测出的 CO_2 初浓度($\mu L \cdot L^{-1}$);

　　t 为测定时间(min);

　　V 为闭路叶室的体积(mL);

　　w 为植物组织鲜重(g)。

5. 注意事项

(1) 在连接各接头时,注意对号连接,不能接反。

(2) 减少测定过程中人为呼出 CO_2 的干扰。

(3) 植物材料最好为完整的玉米幼苗,因为机械损伤会增加呼吸作用强度。

(4) 由于高浓度的 CO_2 会抑制呼吸作用,所以在闭路测定中测定植物呼吸作用的时间不宜过长,一般 1 min 内较为适宜。

6. 思考题

(1) 光合蒸腾作用测定系统测定植物呼吸作用的原理是什么?如何用此设备准确地测定植物的光合作用、蒸腾作用或呼吸作用?

(2) 用光合蒸腾作用测定系统测定植物呼吸作用时,碱石灰的作用是什么?

(3) 光合蒸腾作用测定系统的开路法和闭路法测定植物呼吸作用有何不同?

3.12 玉米幼苗在热激及其后的恢复和高温胁迫过程中水分状况的变化

植物在高温胁迫过程中伴随着产生以水分胁迫为主的次级胁迫,因此水分的平衡与保持已成为抵抗高温的重要生理机制,而植物组织的水分状况可用水势、渗透势、相对含水量、自由水含量等来表示,故逆境胁迫尤其是高温胁迫过程中水势和自由水含量的大小是衡量植物体内水分状况和抵抗逆境胁迫的一个重要生理指标。

实验 29 植物组织水势和渗透势的测定

水势的测定方法可分为三大类:除液相平衡法(包括小液流法和重量法测水势)和压力平衡法(压力室法测水势)外,还有一类是气相平衡法,包括热电偶湿度计法、露点法等。液相平衡法所需仪器设备简单,但手续烦琐、效率低,难以自动记录;压力平衡法适用于测定枝条或整个叶片的水势,对于小型样品如叶圆片等则无能为力;气相平衡法能广泛用于各种植物叶片水势和渗透势的测定,所需样品量极少、测量精度高,是近年来发展起来的一类较好的测定植物水势及其组分的技术。

Ⅰ 液相平衡法(小液流法)

植物体细胞之间、组织之间以及植物体与环境之间的水分移动方向都由水势差决定。将植物组织放在已知水势的一系列溶液中,如果植物组织的水势(Ψ_{cell})小于某一溶液的水势(Ψ_{out}),则组织吸水,反之组织失水;若两者相等,水分交换保持动态平衡。组织的吸水或失水会使溶液的浓度、密度、电导率以及组织本身的体积与质量发生变化。根据这些参数的变化情况可确定与植物组织等水势的溶液。

液相平衡法测定水势的种类和原理如表 3-8 所示。

表 3-8　液相平衡法测定水势的种类和原理

判断依据 $\Delta\Psi = \Psi_{out} - \Psi_{cell}$	组织水分 得失变化	外液密度 变化	外液浓度 变化	外液电导率 变化
$\Delta\Psi < 0$	吸水	升高	增加	增高
$\Delta\Psi > 0$	失水	降低	降低	降低
$\Delta\Psi = 0$	平衡	不变	不变	不变
测定方法		小液流法	折射仪法	电导仪法
使用器材		毛细移液管	折射仪	电导仪
适用材料		叶片或碎组织	叶片或碎组织	叶片或碎组织

1. 原理

小液流法是由俄国人查达科夫修改而成。实验中常用次甲基蓝着色,有人称为着色法(dye method)。此法是以比重大小测定蔗糖溶液浓度变化,因此又称为比重法(densitometric method)。

当植物组织与外界溶液接触时,若组织水势小于外液水势,水分进入植物组织,外液浓度增高;相反,组织水分进入外液,使外液浓度降低;若二者水势相等,组织不吸水也不失水,外液浓度不变。溶液浓度不同,比重不同。取浸过组织的蔗糖溶液一小滴(为便于观察,加入少许次甲基蓝),放入未浸过植物组织的原浓度溶液中,观察有色溶液的沉浮。若液滴上浮,表示浸过样品后的溶液浓度变小;若液滴下沉,表示浸过样品后的溶液浓度变大;若液滴不动,表示浓度未变,该溶液水势即等于植物组织水势。实际测定时,常常不易找到有色液滴不动的溶液,而是取接近组织水势的相邻两种溶液浓度的平均值。

2. 材料、仪器设备及试剂

(1) 材料　取热激 0 h、热激 4 h 并恢复 4 h 和高温胁迫 17 h 的玉米幼苗。

(2) 仪器设备　试管或带盖离心管,微量加样器(取代毛细管),移液管,试管架,容量瓶,烧杯,天平。

(3) 试剂　1 mol·L^{-1}蔗糖,次甲基蓝粉末。

3. 实验步骤

(1) 配液　取 8 支试管,用 1 mol·L^{-1}蔗糖母液分别配制 0.05 mol·L^{-1}、0.1 mol·L^{-1}、0.2 mol·L^{-1}、0.3 mol·L^{-1}、0.4 mol·L^{-1}、0.5 mol·L^{-1}、0.6 mol·L^{-1}、0.7 mol·L^{-1}蔗糖各 10 mL,摇匀后倒出 3 mL 左右于另一组带盖的塑料离心管中作为对照组,剩余的作为实验组(塞上塞子)。

(2) 取材　向实验组中加入大致相等的材料(玉米幼苗切段),加盖,摇匀,室温下静置 15~20 min。

(3) 染色　时间到后,向实验组中分别加入少许次甲基蓝粉末,每支试管颜色的深浅尽量一致。

（4）测定　用微量加样器分别吸取 2 μL 左右的染色液,插入对应的对照组液体中央,慢慢释放出液体,轻轻提起微量加样器,观察液滴的运动情况并做记录。

4. 结果计算

按下式计算植物组织水势：

$$\Psi_{cell} = \Psi_{out} = -iCRT$$

式中：Ψ_{cell} 为植物组织水势；

Ψ_{out} 为外界溶液渗透势,单位为大气压,最后换算成标准单位 Pa,1 atm = 1.013 × 10⁵ Pa；

C 为等势点的蔗糖浓度（mol·L⁻¹）,即等渗浓度；

R 为摩尔气体常数；

T 为绝对温度 K；

i 为解离常数（蔗糖为 1）。

5. 注意事项

（1）染色不能过深,而且颜色深浅尽量一致。

（2）测定中动作要轻和慢,并且注意更换枪头。

6. 思考题

（1）用小液流法测定植物组织水势的优缺点是什么？除了此方法以外,你还知道哪些测定植物组织水势的方法？

（2）为什么用小液流法测定植物组织水势对照组和实验组中所用的溶液体积和材料的量不必严格定量？

（3）用小液流法测定植物组织水势的关键是什么？

100 mL 蒸馏水中加入不同蔗糖配成不同水势溶液见表 3-9。

表 3-9　100 mL 蒸馏水中加入不同蔗糖配成不同水势溶液

蔗糖溶液水势/bar	100 mL 蒸馏水加入蔗糖质量/g	蔗糖溶液水势/bar	100 mL 蒸馏水加入蔗糖质量/g
2	2.74	16	20.99
4	5.45	18	23.42
6	8.11	20	25.86
8	10.74	22	28.28
10	13.34	24	30.68
12	15.91	26	33.04
14	18.44	28	35.38

Ⅱ　气相平衡法（露点法）

1. 原理

将叶片或组织汁液密闭在体积很小的样品室内,经一定时间后,样品室内的空气和植物样品将达到温度和水势的平衡状态。此时,气体的水势(以蒸气压表示)与叶片的水势(或组织汁液的渗透势)相等。因此,只要测出样品室内空气的蒸气压,便可得知植物组织的水势(或汁液的渗透势)。由于空气的蒸气压与其露点温度具有严格的定量关系,本仪器便通过测定样品室内空气的露点温度而得知其蒸气压。该仪器装有具有高分辨能力的热电偶,热电偶的一个结点安装在样品室的上部。测量时,首先给热电偶施加反向电流,使样品室内的热电偶结点降温(Peltier 效应),当结点温度降至露点温度以下时,将有少量液态水凝结在结点表面,此时切断反向电流,并根据热电偶的输出电位记录结点温度变化。开始时,结点温度因热交换平衡而很快上升,随后,则因表面水分蒸发带走热量,而使其温度保持在露点温度,呈现短时间的稳衡状态,待结点表面水分蒸发完毕后,其温度将再次上升,直至恢复原来的温度平衡。记录下稳衡状态的温度,便可将其换算成待测样品的水势或渗透势。

2. 仪器使用方法

PSYPRO 露点水势测定仪可以通过计算机软件或主机的键盘进行 2 种测量操作,下面介绍通过计算机和不在计算机上利用软件的操作方法。

1) 与计算机连接

使用标准 RS-232 电缆进行 PSYPRO 与计算机的连接,电缆一端接 PSYPRO 面板上的 COM 口,另一端接计算机的 COM1(9 针)。

2) 软件的安装

(1) 插入安装软盘或光盘。

(2) 双击 SETUP. EXE 文件。

(3) 在出现的屏幕上点击 NEXT。

(4) 安装完毕后,双击 PSYPRO 图标进入软件。

3) 连接传感器到 PSYPRO

PSYPRO 最多可同时连接 8 个传感器,在 PSYPRO 的面板上有 8 个传感器连接口,分别标有 1~8,连接传感器时要按标号从小到大的顺序连接,不可跳过中间的接口。

4) 启动 PSYPRO

在 PSYPRO 的面板上有一个开关杆,当杆拨到"ON"的位置时,电源开始供电,面板上的屏幕上显示 SCREEN♯1。

5) 连接 PSYPRO 到计算机

(1) 在软件的主菜单中点击"tool",弹出一个菜单。

(2) 在弹出的菜单中点击"contact PSYPRO",出现一个新菜单。

(3) 点击"CONNECT"。

(4) 如果连接已成功建立,屏幕会回到主菜单,若没有连接成功,会弹出一个错误的消息,需要检查电缆连接得是否正确。

6) 设置时间和日期

(1) 在软件的主菜单中点击"tool",弹出一个菜单。

(2) 在弹出的菜单中点击"set PSYPRO",出现一个新菜单。

(3) 点击"CONNECT",如果成功设置的话,计算机中设置的时间和日期会在屏幕上显示出来,显示年、日(以一年中的 1 月 1 日为第一天,显示的是现在是第多少天)和时间。

(4) 如果设置正确,点击"OK"键,PSYPRO 就有了同计算机相同的时间和日期。

7) 按默认值设定 PSYPRO 参数

(1) 在软件的主菜单中点击"FILE",弹出一个菜单。

(2) 在弹出的菜单中点击"SAVE PSYPRO SETTING",出现一个新菜单。

(3) 点击"TO PSYPRO",然后点击"OK","CONNECT PSYPRO"界面出现。

(4) 点击"CONNECT"。

(5) 连接结束后,设定值即被保存到 PSYPRO 系统中了,PSYPRO 系统开始按设定的值进行数据采集工作。

注意:上述过程也可以先修改设定后再传输给 PSYPRO。

8) 植物组织水势的测定

(1) 离体测定法　根据所测定植物样品的大小,选择合适的样品槽,然后切取大小合适的植物组织(取热激 0 h、热激 4 h 并恢复 4 h、高温胁迫 17 h 的玉米幼苗),迅速放入 C-52 型样品室中平衡 2 h(平衡时间视材料水势高低而定),样品室与仪器连接。

(2) 活体测定法　在田间供试植株的待测叶片上装上 L-51 型热偶,平衡一段时间后测定,其余步骤同前。

(3) 叶片渗透势测定

① 叶圆片冻融法　钻取供试植株叶圆片,然后迅速放入叶室中密封,随即放入 $-40 \sim -35$ ℃下冰冻 3 h,取出于室温下平衡 3 h 后,即可测定。

② 榨出汁液法　取上述不同处理时间的玉米幼苗,迅速放入一尖底离心管,封口,于 -40 ℃下冰冻 1 h 后,取出融化,用一平头玻璃棒挤压叶片以榨出汁液,吸取 10 μL 置于 C-52 叶室中,平衡一段时间(30 min 以上)即可测定。

3. 注意事项

(1) 当连接探头时,应根据所用探头的数量,从左向右(从 1 至 8)的顺序连接,不可跳跃连接。

(2) 在使用 C-52 型样品室时,切勿将样品放得高出样品室小槽;测定完毕后,一定要将样品室顶部的旋钮旋起足够高以后才可将样品室的拉杆拉出,否则将损伤热电偶。

(3) 主机长期放置后,重新使用时必须将电池充电 14 ~ 16 h。

（4）在不同温度下测定时,应同时记录下测定时探头的温度,然后按照下列公式把所有测定值校正为 25 ℃时的测定值:

$$校正读数 = \frac{实际测定读数}{0.325 + 0.027t}$$

式中:t 为测定时记录的温度(℃)。

（5）样品水势不同,所需平衡时间不同,样品水势越低,所需平衡时间越长。正常供水的植物材料平衡时间需几分钟到数十分钟,而严重干旱的小麦叶水势在 -22.7 bar 左右,平衡时间需 2 h 以上。平衡时间过短,不能测出正确结果;平衡时间太长,也会造成实验误差。

（6）一般认为从叶圆片边缘的水分散失和离体期间的淀粉水解会造成测定的一定误差,但只要合理取样并迅速将叶圆片密封到样品室中,可把误差减到最小。

4. 思考题

（1）测定植物叶片水势的三大类方法各有哪些主要优缺点?

（2）用同一仪器测定,露点法为何比湿度法灵敏度高一倍?

（3）如何理解叶片水势越低,所需平衡时间越长?

（4）用小液流法测定植物组织水势与质壁分离法测定植物细胞的渗透势(实验 48)都是以外界溶液的浓度算出的溶质势,它们之间的区别何在?

实验 30　植物组织中自由水和束缚水含量的测定

植物组织中的水分以自由水和束缚水两种不同的状态存在。自由水与束缚水含量的高低与植物的生长及抗逆性有密切关系。自由水与束缚水比值高时,植物组织或器官的代谢活动旺盛,生长也较快,抗逆性较弱;反之,则生长较缓慢,但抗逆性较强。因此,自由水和束缚水的相对含量可以作为植物组织代谢活动及抗逆性强弱的重要指标。

1. 原理

自由水未被细胞原生质胶体颗粒吸附而可以自由移动、蒸发和结冰,也可以作为溶剂。束缚水则被细胞原生质胶体颗粒吸附而不易移动,因而不易被夺取,也不能作为溶剂。基于上述特点以及水分依据水势差而移动的原理,将植物组织浸入高浓度(低水势)的糖溶液中一段时间后,自由水可全部扩散到糖液中,组织中便留下束缚水。自由水扩散到糖液后(相当于增加了溶液中的溶剂)便增加了糖液的质量,同时降低了糖液的浓度。测定此降低了的糖液的浓度,再根据原先已知的高浓度糖液的浓度及质量,可求出浓度降低了的糖液的质量。用浓度降低了的糖液的质量减去原来高浓度糖液的质量即为植物组织中的自由水的量(即扩散到高浓度糖液中的水的量)。最后,用同样的植物组织的总含水量减去此自由水的含量即是植物组织中束缚水的含量。

2. 材料、仪器设备及试剂

（1）材料　取热激 0 h、热激 4 h 并恢复 4 h 和高温胁迫 17 h 的玉米幼苗。

（2）仪器设备　阿贝折射仪，电子天平（感量 0.1 mg），烘箱，干燥器，称量瓶，烧杯，瓷盘，托盘天平，量筒。

（3）试剂　质量分数为 60％～65％的蔗糖溶液：用托盘天平称取蔗糖 60～65 g，置于烧杯中，加蒸馏水 35～40 g，使溶液总质量为 100 g，溶解后备用。

3. 实验步骤

1）植物组织中总含水量的测定

（1）取称量瓶 3 个（三次重复，下同），依次编号并分别准确称重。

（2）选取上述生长一致的玉米幼苗数株，用刀片将幼苗胚芽鞘切成 1 cm 长的小段，立即装到上述称量瓶中（每瓶随机装入 15～20 段），盖紧瓶盖并精确称重。

（3）将称量瓶连同材料置烘箱中于 105 ℃下烘 15 min 以杀死植物组织细胞，再于 80～90 ℃下烘至恒重（称重时须置于干燥器中，待冷却后再称重）。设称量瓶质量为 w_1，称量瓶与材料的质量为 w_2，称量瓶与烘干的材料的质量为 w_3（以上质量单位均设为 g，下同），则植物组织的总含水量（％）可按下式计算：

$$植物组织的总含水量 = \frac{w_2 - w_3}{w_2 - w_1} \times 100\%$$

根据上式可分别求出三次重复所得的组织总含水量的值并进一步求出其平均值。

2）植物组织中自由水含量的测定

（1）另取称量瓶 3 个，编号并分别准确称重。

（2）用刀片将幼苗胚芽鞘切成 1 cm 长的大小，立即随机装入 3 个称量瓶中（每瓶装 15～20 段），盖紧瓶盖并立即称重。

（3）3 个称量瓶中各加入 60％～65％的蔗糖溶液 5 mL 左右，再分别准确称量。

（4）各瓶置于暗处 4～6 h（经减压处理后，只需在暗处置 1 h），其间不时轻轻摇动。到预定的时间后，充分摇动溶液。用阿贝折射仪分别测定各瓶糖液浓度，同时测定原来的糖液浓度。设称量瓶质量为 w_1，称量瓶与材料的质量为 w_2，称量瓶与材料及糖液的质量为 w_4，糖液原来的浓度为 C_1，浸过植物组织后的糖液的浓度为 C_2，则植物组织中自由水的含量（％）可由下式算出：

$$植物组织中自由水的含量 = \frac{(w_4 - w_2)(C_1 - C_2)}{(w_2 - w_1)C_2} \times 100\%$$

根据上式同样可求出三个不同的测定值并进一步求出其平均值。

4. 结果计算

植物组织中束缚水的含量（％）＝组织总含水量（％）－组织中自由水含量（％）

5. 注意事项

（1）材料经烘干衡重后，需在干燥器中冷却后方可称重。

（2）不同环境和不同生长发育时期的植物组织所需减压处理的时间不同。

6. 思考题

(1) 为什么要对植物材料进行杀青?

(2) 为什么杀青在 105 ℃下进行,而烘干需要在 80~90 ℃下进行?

(3) 植物组织中的自由水和束缚水的生理作用有何不同?

(4) 束缚水含量为什么与植物的抗逆性有关?

3.13　玉米幼苗在热激及其后的恢复和高温胁迫过程中苯丙氨酸解氨酶和脂氧合酶活性的变化

实验 31　苯丙氨酸解氨酶(PAL)活性的测定

1. 原理

苯丙氨酸解氨酶(phenylalanineammonialyase,PAL)催化苯丙氨酸的脱氨反应,使 NH_3 释放出来形成反式肉桂酸。此酶在植物体内次生物质(如木质素等)代谢中起重要作用。根据其产物,通过反式肉桂酸在 290 nm 处吸光度的变化可以测定该酶的活性。

2. 材料、仪器设备及试剂

(1) 材料　取热激 0 h、热激 4 h 并恢复 4 h 和高温胁迫 17 h 的玉米幼苗。

(2) 仪器设备　紫外可见分光光度计,微量加样器,高速冷冻离心机,试管,移液管,试管架,容量瓶,烧杯,天平。

(3) 试剂　提取液:0.05 mol·L^{-1} 硼酸盐缓冲溶液(pH 8.8,内含 5 mmol·L^{-1} 巯基乙醇,1% 聚乙烯吡咯烷酮),0.02 mol·L^{-1} 苯丙氨酸(用 0.1 mol·L^{-1} pH 8.8 硼酸盐缓冲溶液配制)。

3. 实验步骤

(1) 酶粗提液的制备　取上述不同处理阶段的玉米幼苗 0.5 g,加 3 mL 预冷提取液和少量石英砂在研钵中研磨,充分冰浴研磨后,转入离心管中,再用 2 mL 提取液洗研钵,合并提取液并于 4 ℃下用 10000g 离心 20 min,上清液即为 PAL 待测液。上述操作均在 0~4 ℃下进行。

(2) 活性测定　1 mL 酶液加 1 mL 0.02 mol·L^{-1} 苯丙氨酸、1 mL 蒸馏水,总体积为 3 mL。对照不加底物,多加 1 mL 蒸馏水;反应体系置于 30 ℃恒温水浴中保温,30 min 后用紫外分光光度计在 290 nm 处测定吸光度 A_{290}。

4. 结果计算

以每小时在 290 nm 处吸光度变化 0.01 所需酶量为一单位(相当于每毫升反应混合物形成 1 μg 肉桂酸),按下式计算:

$$\text{PAL 活性}(U \cdot g^{-1}) = \frac{A_{290}V_t}{wtV_s}$$

式中:V_t 为酶液总量(mL);

　V_s 为酶液用量(mL);

　w 为样品鲜重(g);

　t 为酶促反应时间(min)。

5. 注意事项

在酶活性测定中,由于高温下酶容易失活,故整个提取过程应在 4 ℃ 下进行。

6. 思考题

(1) 测定 PAL 活性的原理是什么? 如何准确地进行 PAL 活性的测定?

(2) PAL 在植物生长发育过程中有何生理学意义?

实验 32　脂氧合酶(LOX)活性的测定

1. 原理

脂氧合酶(lipoxygenase,LOX)是一种氧合酶,为非血红素铁蛋白,酶蛋白由单肽链组成,专门催化具有顺,顺-1,4-戊二烯结构的不饱和脂肪酸的加氧反应,在植物中其底物主要是亚油酸和亚麻酸。

植物在生长过程中受到细菌、真菌及外界恶劣环境如高温、低温、干旱等的伤害,这些因素可诱导植物中 LOX 活性的增加,因而 LOX 活性大小可作为植物逆境生化指标之一。

利用 LOX 与不饱和脂肪酸作用时,在 234 nm 处有一增加的紫外吸收,其与反应时间和酶浓度有关,以亚油酸为底物,应用分光光度计可得出脂氧合酶的活性。

2. 材料、仪器设备及试剂

(1) 材料　取热激 0 h、热激 4 h 并恢复 4 h、高温胁迫 17 h 的玉米幼苗。

(2) 仪器设备　紫外可见分光光度计,微量加样器,高速冷冻离心机,试管,移液管,试管架,容量瓶,烧杯,天平。

(3) 试剂　亚油酸、乙醇、Tween-20、1 mol · L⁻¹ NaOH、考马斯亮蓝 G-250,25 mmol · L⁻¹ Tris-HCl 缓冲溶液(pH＝7.5)、0.2 mol · L⁻¹ 磷酸盐缓冲溶液(pH＝7.0)。储备液 A:用乙醇配制质量浓度为 1% 的亚油酸溶液。储备液 B:在储备液 A 中加入 0.25 mL Tween-20,用旋转蒸发仪将乙醇蒸发至尽,所剩膏状物用 100 mL 0.05 mol · L⁻¹ Na₂HPO₄ 溶解,并用 1 mol · L⁻¹ NaOH 将 pH 值调至 9.0,该储备液中含有 2.5 mmol · L⁻¹ 亚油酸及 0.25% Tween-20。底物溶液:将储备液 B 用磷酸盐缓冲溶液(pH 7.0)稀释 10 倍,所得为底物溶液。

3. 实验步骤

(1) LOX 的提取　取上述不同处理阶段的玉米幼苗 0.5 g,加 3 mL 预冷的 25 mmol · L⁻¹ Tris-HCl 缓冲溶液(pH＝7.5)和少量石英砂在研钵中研磨,充分冰浴研磨后,转入离心管中,再用 2 mL 提取液洗研钵,合并提取液并于 4 ℃ 下 10000g 离心

20 min,上清液即为 LOX 待测液。上述操作均在 0~4 ℃下进行。

（2）活性测定　对照管中加入 2.4 mL 底物溶液及 0.1 mL 蒸馏水,于 234 nm
处用分光光度计调零。样品管依次加入 2.4 mL 底物溶液及 0.1 mL 酶提取液,迅速
混匀,于 234 nm 处置于光路中测定反应体系的吸光度,记录下初始（0 min）A 值,每
隔 30 s 记录一次 A 值,共计 25 min,以 A 值和反应时间作图。吸光度的变化率
（ΔA/t）由图的最初线性部分计算得出。

（3）初酶提取液的蛋白质含量计算　按照 Bradform 法（参见实验 17）。

4. 结果计算

酶活力大小以 $\dfrac{\Delta A_{234}}{wt}$ 表示,单位为 mg^{-1} · min^{-1}。

$$LOX\ 活性(mg^{-1} \cdot min^{-1}) = \dfrac{\Delta A_{234}}{wt}$$

式中：ΔA_{234} 为样品吸光度的变化；

t 为反应时间（min）；

w 为 0.1 mL 酶提取液中的蛋白质含量（mg）。

5. 注意事项

（1）制备好的储备液 B 可用缓冲溶液配制所需 pH 值的底物溶液。

（2）加入酶溶液到开始记录 A 值的时间不得超过 10 s。

6. 思考题

（1）测定 LOX 活性的原理是什么？如何准确地进行 PAL 活性的测定？

（2）LOX 在植物生长发育过程中有何生理学意义？

（3）比较正常的玉米幼苗中 LOX 活性和不同处理后 LOX 活性的变化。

3.14　玉米幼苗在热激及其后的恢复和高温胁迫过程中 ABA 水平的变化

实验 33　酶联免疫吸附测定法测定脱落酸含量

1. 原理

酶联免疫吸附测定（enzyme-linked immuno sorbent assay,简称 ELISA）是在免
疫酶技术（immuno enzymite technique）的基础上发展起来的一种新型的免疫测定技
术。它是 20 世纪 70 年代初期由 Engvall 等人首先建立的,目前被广泛应用于医学
研究及临床检测上。它应用于植物激素测定则是由 Weiler（1980）建立的 ABA
ELISA 开始的,比放射免疫分析（radio immunoassays,简称 RIA）应用于植物激素的
测定要晚。但是由于 ELISA 灵敏性、特异性高,且方便、快速、安全、成本低廉,而日
益取代 RIA 被广泛应用于植物激素测定,极大地促进了植物激素的研究进展。目

前,对几大类植物激素如 IAA、ABA、GAs、CTKs 等以及其他生长调节物质如玉米赤霉烯酮、壳孢菌素、茉莉酸、水杨酸等都建立了相应的 ELISA 方法。

ELISA 是建立在两个重要的生物化学反应基础之上的,即:①抗原抗体反应的高度专一性和敏感性;②酶的高效催化特性。ELISA 把这二者有机地结合在一起,即被分析物先与其相应的抗体或抗原反应,然后检测抗体或抗原上酶标记物的活性,从而达到定性或定量测定的目的。

ELISA 是被分析物质与相应的抗原或抗体反应,然后检测抗原或抗体上酶标记物的活性,进行定性或定量测定。常用的酶有辣根过氧化物酶和碱性磷酸酯酶。酶可直接标记激素分子,也可标记第二抗体,成为酶标二抗。这两类标记物分别用于固相抗体型和固相抗原型酶联免疫吸附测定法。本实验用固相抗体型酶联免疫吸附测定法测定脱落酸(ABA)含量。

将抗 ABA 甲酯的单克隆抗体与已吸附于固相载体上的兔抗鼠 IG 抗体结合,加入 ABA 甲酯标准品或待测样品,使其与固相化的单克隆抗体结合,再加入辣根过氧化物酶标记 ABA。通过检测酶标 ABA 的被结合量,换算出样品中未知的 ABA 含量。

2. 材料、仪器设备及试剂

(1) 材料　取热激 0 h、热激 4 h 并恢复 4 h 和高温胁迫 17 h 的玉米幼苗。

(2) 仪器设备　聚苯乙烯微量反应板(40 孔或 96 孔),可调式微量吸液器(200 μL),烧杯,试管,37 ℃恒温箱,酶联免疫吸附测定仪(微量分光光度计),吸水纸。

(3) 试剂　①缓冲溶液:8 g NaCl,0.2 g KH_2PO_4,29.6 g Na_2HPO_4,溶解并用双蒸水定容至 1000 mL,pH 7.4。②样品稀释液:100 mL 磷酸盐缓冲溶液(pH 7.4)加入 0.1 mL Tween-20。③洗涤缓冲溶液:1000 mL 双蒸水中溶解 20 g NaCl,再加 1 mL Tween-20。④ABA 标准液:用 ABA 甲酯母液配成参比系列溶液,浓度单位为 ng·mL^{-1}。⑤邻苯二胺基质液:称 5 g 邻苯二胺,溶于 12.5 mL 0.01 mmol·L^{-1} pH 5.0 的磷酸盐缓冲溶液,使用前加入 12.5 mL 30% H_2O_2。⑥辣根过氧化物酶稀释缓冲溶液:100 mL 磷酸盐缓冲溶液(pH 7.4)加入 0.1 mL Tween-20,0.1 g 白明胶及 4 g 聚乙二醇-6000。

3. 实验步骤

(1) ABA 的提取　称取 0.5 g 上述材料(不马上测定时用液氮速冻后保存在 －70 ℃的冰箱中),加 2 mL 80%甲醇,充分研磨,转入离心管中,再加 2 mL 80%甲醇洗研钵。5000g 离心 10 min,残渣加入 0.5 mL 80%甲醇,再离心 1 次,合并上清液,记录体积,残渣弃去。

(2) ABA 纯化　取 300 μL 上清液转入 5 mL 塑料离心管中,用液氮吹干,用 200 μL 0.1 mol·L^{-1} Na_2HPO_4(pH 9.2)溶解,加入等体积的乙酸乙酯,萃取 3 次,去乙酸乙酯相,调水相 pH 值至 2.5,用 200 μL 乙酸乙酯萃取 3 次,合并乙酸乙酯相,用氮气吹干。

（3）ABA 甲酯化　　上述氮气吹干的样品用 200 μL 甲醇溶解，加入过量的重氮甲烷至样品呈黄色，而后加入半滴 0.2 mmol·L^{-1}乙酸甲酯破坏过量的重氮甲烷（黄色消失），用氮气吹干，加入 300 μL 0.01 mmol·L^{-1}磷酸盐缓冲溶液（pH 7.4）溶解样品。

（4）ABA 测定　　取酶标板，用蒸馏水冲洗数次，在每小孔中加入 100 μL 兔抗鼠 IG 抗体溶液用于包被聚苯乙烯反应板的微孔，然后将酶标板放入内铺湿纱布的带盖磁盘内，4 ℃下过夜或 37 ℃下放置 2 h。弃去孔内溶液，用洗涤缓冲溶液洗涤酶标孔 3 次，甩干。

（5）各孔中加入 100 μL 抗 ABA 甲酯的单克隆抗体，于 37 ℃下放置 70 min，用洗涤缓冲溶液洗板，甩干。

（6）各孔内依次加入标准 ABA 溶液或待测样液，每个样品重复 3 次，20 ℃下放置 20 min，洗板，甩干。

（7）各孔中加入 100 μL 辣根过氧化物酶稀释缓冲溶液，将湿盒在 37 ℃下放置 60 min，用洗涤缓冲溶液洗板，甩干。

（8）在暗条件下，各孔加入 100 μL 邻苯二胺基质液，将湿盒在 37 ℃下显色 15 min，加入 50 μL 3 mol·L^{-1} H$_2$SO$_4$终止反应。

（9）用酶联免疫吸附测定仪测定 490 nm 处各孔的 A 值，以加入 ABA 甲酯母液的孔（即标准曲线最高浓度孔）调零，以加入不含 ABA 甲酯的磷酸盐缓冲溶液孔的 A 值为 B_0，以加入 ABA 甲酯各标准溶液孔的 A 值为 B_i。求出每份样品重复孔的平均值。

（10）以标准的 ABA 甲酯的量的常用对数 lg[ABA]为横坐标（X），对应的 $\ln[B_i/(B_0-B_i)]$为纵坐标（Y），得到一条直线 $Y=a+bX$。

4. 结果计算

将样品孔的 A 值代入公式，换算出 ABA 甲酯的量，乘以稀释倍数，除以样品质量，即为每克样品的 ABA 量。

5. 注意事项

（1）影响 ELISA 测定结果的两个主要问题。

① 线性检测范围是指对数标准曲线中的线性测定范围。在样品测定过程中，应选择合适的稀释倍数，使测定结果落在对数标准曲线的线性测定范围之内。

② 交叉反应是指抗体与被测定激素以外的物质所起的反应。在样品测定过程中，要注意与抗体有较高交叉反应的物质，并尽量将其在提取液中排除。

（2）实验的误差来源。

① 加样误差是 ELISA 误差的主要来源，保持加样操作的一致和准确是其关键。每次加完样后要轻敲反应板，以保证孔内液面的水平。

② 在测定样品时尽量做到温育条件（时间和温度）一致，这样可以使板间的差异缩小到最小值。

③ 各种缓冲溶液的配制要尽量准确,尤其是标准激素系列浓度更要认真控制,加样顺序要从低到高进行。

④ 尽量清除样品中的干扰物,包括待测激素的类似物以及抗体和酶活性的抑制剂(如酚类物质和有机酸等),并且可以进行以下质量控制实验来鉴别干扰的存在与否,以确保测定工作的正确性。a.稀释实验:将待测样品稀释 2 倍、4 倍和 8 倍,相应的测出值也应是原样品测出值的 1/2、1/4、1/8。如果偏差太大,表明有干扰物存在,尚需做进一步的提纯。b.平行实验:在待测样品中加入已知量的标准激素,将其 ELISA 测出值减去待测样品本身测出值后,应是加入标准激素的值,如果偏差太大,也表明干扰存在。c.回收率测定:将样品分成完全等量的两份,在其中的一份加入已知量的标准激素,然后进行下面的提取和测定步骤。两份样品最后的测定值之差与加入量之比,即为回收率。

6. 思考题

(1) 在对含有激素的提取液进行真空浓缩干燥时,为什么不宜将提取液(80%甲醇)完全干燥?

(2) 用什么方法可以发现提取液中有干扰物质存在?

(3) 为什么要预先测定包被抗原、抗体、二抗的最适稀释倍数及标准物的最佳范围?

(4) 在 ELISA 操作过程中,快速加样有什么好处?

(5) 在测定过程中,样品在 490 nm 处的吸光度在什么范围内较为理想?

(6) 解释乙酸乙酯萃取 ABA 的原理。

3.15　本章设计性实验选题

设计性实验选题 1　脯氨酸在热激诱导玉米幼苗耐热性形成中的作用

1. 研究目的

证实热激过程中脯氨酸的积累,以及外源脯氨酸预处理对玉米幼苗耐热性的影响,说明脯氨酸在热激诱导的玉米幼苗耐热性形成中的作用。

2. 方案设计提示

(1) 可测定热激过程中脯氨酸含量的变化。

(2) 研究不同浓度的脯氨酸预处理对玉米幼苗耐热性的影响。

设计性实验选题 2　热稳定蛋白(包括热激蛋白)在热激诱导玉米幼苗耐热性形成中的作用

1. 研究目的

证实热激过程中热稳定蛋白(包括热激蛋白)的积累,了解热稳定蛋白在热激诱导的玉米幼苗耐热性形成中的作用。

2. 方案设计提示

(1) 可用煮沸的方法测定热稳定蛋白(包括热激蛋白)的含量(参见实验 18)。

(2) 用 SDS-PAGE 定性和定量分析热激蛋白。

(3) 可根据情况进行蛋白质组分析。

设计性实验选题 3　抗坏血酸在热激诱导玉米幼苗耐热性形成中的作用

1. 研究目的

探讨热激过程中还原型抗坏血酸含量的变化,以及外源抗坏血酸预处理对玉米幼苗耐热性的影响,说明抗坏血酸在热激诱导的玉米幼苗耐热性形成中的作用。

2. 方案设计提示

(1) 可测定热激过程中抗坏血酸含量的变化。

(2) 研究不同浓度的抗坏血酸预处理对玉米幼苗耐热性的影响。

设计性实验选题 4　水杨酸在热激诱导玉米幼苗耐热性形成中的作用

1. 研究目的

探讨热激过程中水杨酸含量的变化,以及外源水杨酸预处理对玉米幼苗耐热性的影响,说明水杨酸在热激诱导的玉米幼苗耐热性形成中的作用。

2. 方案设计提示

(1) 可测定热激过程中水杨酸含量的变化。

(2) 研究不同浓度的水杨酸预处理(可以采用浸种或喷施的方式)对玉米幼苗耐热性的影响。

(3) 注意预处理前调节水杨酸的 pH 值到 6.0 左右。

设计性实验选题 5　脱落酸在热激诱导玉米幼苗耐热性形成中的作用

1. 研究目的

证实热激过程中脱落酸(ABA)含量的增加,以及外源 ABA 预处理对玉米幼苗耐热性的影响,说明 ABA 在热激诱导的玉米幼苗耐热性形成中的作用。

2. 方案设计提示

(1) 可测定热激过程中 ABA 含量的变化,具体方法参见实验 33。

(2) 研究不同浓度的 ABA 预处理(可以采用浸种或喷施的方式)对玉米幼苗耐热性的影响。

设计性实验选题 6　多胺在热激诱导玉米幼苗耐热性形成中的作用

1. 研究目的

证实热激过程中多胺(PA)含量的增加,以及外源 PA 预处理对玉米幼苗耐热性的影响,说明 PA 在热激诱导的玉米幼苗耐热性形成中的作用。

2. 方案设计提示

(1) 可测定热激过程中 PA 含量的变化。

(2) 研究不同浓度的 PA 预处理(可以采用浸种或喷施的方式)对玉米幼苗耐热性的影响。

设计性实验选题 7　　H_2O_2 在热激诱导玉米幼苗耐热性形成中的作用

1. 研究目的

探讨热激过程中 H_2O_2 含量的变化,以及外源 H_2O_2 预处理对玉米幼苗耐热性的影响,说明 H_2O_2 在热激诱导的玉米幼苗耐热性形成中的作用。

2. 方案设计提示

(1) 可测定热激过程中 H_2O_2 含量的变化。

(2) 研究不同浓度的 H_2O_2 预处理对玉米幼苗耐热性的影响。

设计性实验选题 8　　NO 在热激诱导玉米幼苗耐热性形成中的作用

1. 研究目的

探讨热激过程中 NO 含量的变化,以及外源 NO 供体(硝普钠)预处理对玉米幼苗耐热性的影响,说明 NO 在热激诱导的玉米幼苗耐热性形成中的作用。

2. 方案设计提示

(1) 可测定热激过程中 NO 含量的变化。

(2) 研究不同浓度的 NO 预处理对玉米幼苗耐热性的影响。

设计性实验选题 9　　钙信使系统在热激诱导玉米幼苗耐热性形成中的作用

1. 研究目的

通过外源 Ca^{2+}、Ca^{2+} 螯合剂 EGTA 和细胞膜通道阻塞剂 La^{3+},以及 CaM 活性抑制剂 CPZ(氯丙嗪)或 TFP(三氟拉嗪)预处理对热激诱导玉米幼苗耐热性的效应,说明钙信使系统在热激诱导的玉米幼苗耐热性形成中的作用。

2. 方案设计提示

(1) 若有条件,可测定热激过程中细胞质 Ca^{2+} 浓度的变化。

(2) 研究不同浓度的 Ca^{2+}、EGTA、La^{3+}、CPZ 或 TFP 等预处理(可采用浸种或添加到培养液中的方式)对玉米幼苗耐热性的影响。

设计性实验选题 10　　热激对玉米幼苗耐冷性的影响

1. 研究目的

通过热激并短期恢复后,转入低温下进行冷胁迫,证实热激对玉米幼苗耐冷性的影响。

2. 方案设计提示

(1) 热激过程可参考综合性实验。

（2）耐冷性指标和可能的生理生化机制可参阅综合性实验。

（3）冷胁迫温度为 1～5 ℃。

设计性实验选题 11　热激对玉米幼苗耐旱性的影响

1. 研究目的

通过热激并短期恢复后，转入干旱胁迫，证实热激对玉米幼苗耐旱性的影响。

2. 方案设计提示

（1）热激过程可参考综合性实验。

（2）耐旱性指标和可能的生理生化机制可参阅综合性实验。

（3）干旱胁迫可在干滤纸上进行或用聚乙二醇（PEG）处理。

设计性实验选题 12　热激对玉米幼苗耐盐性的影响

1. 研究目的

通过热激并短期恢复后，转入盐胁迫，证实热激对玉米幼苗耐盐性的影响。

2. 方案设计提示

（1）热激过程可参考综合性实验。

（2）耐盐性指标和可能的生理生化机制可参阅综合性实验。

（3）盐胁迫可用 NaCl 处理。

设计性实验选题 13　热激对玉米幼苗耐重金属胁迫性的影响

1. 研究目的

通过热激并短期恢复后，转入重金属胁迫，证实热激对玉米幼苗耐重金属胁迫性的影响。

2. 方案设计提示

（1）热激过程可参考综合性实验。

（2）重金属胁迫耐性指标和可能的生理生化机制可参阅本章综合性实验部分内容。

（3）重金属胁迫可用氯化镉处理。

设计性实验选题 14　钙信使系统在玉米幼苗耐热性形成中的作用

1. 研究目的

通过外源 Ca^{2+}、Ca^{2+} 螯合剂 EGTA 和细胞膜通道阻塞剂 La^{3+}，以及 CaM 活性抑制剂 CPZ 或 TFP 预处理对玉米幼苗耐热性的效应，说明钙信使系统在玉米幼苗耐热性形成中的作用。

2. 方案设计提示

（1）研究不同浓度的 Ca^{2+}、EGTA、La^{3+}、CPZ 或 TFP 等预处理对玉米幼苗耐热性的影响。

（2）可用存活率、膜伤害、组织活力等生理指标说明耐热性的形成。

设计性实验选题 15　钙信使系统在玉米幼苗耐盐性形成中的作用

1. 研究目的

通过外源 Ca^{2+}、Ca^{2+} 螯合剂 EGTA 和细胞膜通道阻塞剂 La^{3+}，以及 CaM 活性抑制剂 CPZ 或 TFP 预处理对玉米幼苗耐盐性的效应，说明钙信使系统在玉米幼苗耐盐性形成中的作用。

2. 方案设计提示

（1）研究不同浓度的 Ca^{2+}、EGTA、La^{3+}、CPZ 或 TFP 等预处理对玉米幼苗耐盐性的影响。

（2）可用存活率、膜伤害、组织活力等生理指标说明耐盐性的形成。

设计性实验选题 16　钙信使系统在玉米幼苗耐旱性形成中的作用

1. 研究目的

通过外源 Ca^{2+}、Ca^{2+} 螯合剂 EGTA 和细胞膜通道阻塞剂 La^{3+}，以及 CaM 活性抑制剂 CPZ 或 TFP 预处理对玉米幼苗耐旱性的效应，说明钙信使系统在玉米幼苗耐旱性形成中的作用。

2. 方案设计提示

（1）研究不同浓度的 Ca^{2+}、EGTA、La^{3+}、CPZ 或 TFP 等预处理对玉米幼苗耐旱性的影响。

（2）干旱胁迫可在干滤纸上进行或用聚乙二醇（PEG）处理。

（3）可用存活率、膜伤害、组织活力等生理指标说明耐旱性的形成。

设计性实验选题 17　钙信使系统在玉米幼苗耐冷性形成中的作用

1. 研究目的

通过外源 Ca^{2+}、Ca^{2+} 螯合剂 EGTA 和细胞膜通道阻塞剂 La^{3+}，以及 CaM 活性抑制剂 CPZ 或 TFP 预处理对玉米幼苗耐冷性的效应，说明钙信使系统在玉米幼苗耐冷性形成中的作用。

2. 方案设计提示

（1）研究不同浓度的 Ca^{2+}、EGTA、La^{3+}、CPZ 或 TFP 等预处理对玉米幼苗耐冷性的影响。

（2）冷胁迫温度为 $1 \sim 5 \ ℃$。

（3）可用存活率、膜伤害、组织活力等生理指标说明耐冷性的形成。

设计性实验选题 18　钙信使系统在缓解玉米幼苗耐重金属胁迫中的作用

1. 研究目的

通过外源 Ca^{2+}、Ca^{2+} 螯合剂 EGTA 和细胞膜通道阻塞剂 La^{3+}，以及 CaM 活性

抑制剂 CPZ 或 TFP 预处理对玉米幼苗耐重金属胁迫的效应,说明钙信使系统在玉米幼苗耐重金属胁迫中的作用。

2. 方案设计提示

(1) 研究不同浓度的 Ca^{2+}、EGTA、La^{3+}、CPZ 或 TFP 等预处理对玉米幼苗耐重金属胁迫的影响。

(2) 重金属胁迫可用氯化镉处理。

(3) 可用存活率、膜伤害、组织活力等生理指标说明耐重金属胁迫的形成。

设计性实验选题 19　钙信使系统在玉米幼苗耐非生物胁迫组合中的作用

1. 研究目的

通过外源 Ca^{2+}、Ca^{2+} 螯合剂 EGTA 和细胞膜通道阻塞剂 La^{3+},以及 CaM 活性抑制剂 CPZ 或 TFP 预处理对玉米幼苗耐非生物胁迫组合(如高温与干旱、高温与盐渍、高温与重金属毒害、盐渍与重金属毒害、低温与干旱等两个或多个非生物胁迫组合)的效应,说明钙信使系统在玉米幼苗耐非生物胁迫组合中的作用。

2. 方案设计提示

(1) 研究不同浓度的 Ca^{2+}、EGTA、La^{3+}、CPZ 或 TFP 等预处理对玉米幼苗耐非生物胁迫组合的影响。

(2) 可用存活率、膜伤害、组织活力等生理指标说明耐非生物胁迫的形成。

设计性实验选题 20　脯氨酸在玉米幼苗耐非生物胁迫组合中的作用

1. 研究目的

通过外源脯氨酸预处理对玉米幼苗耐非生物胁迫组合(如高温与干旱、高温与盐渍、高温与重金属毒害、盐渍与重金属毒害、低温与干旱等两个或多个非生物胁迫组合)的效应,说明脯氨酸在玉米幼苗耐非生物胁迫组合中的作用。

2. 方案设计提示

(1) 研究不同浓度的脯氨酸预处理对玉米幼苗耐非生物胁迫组合的影响。

(2) 可用存活率、膜伤害、组织活力等生理指标说明耐非生物胁迫的形成。

设计性实验选题 21　甜菜碱在玉米幼苗耐非生物胁迫组合中的作用

1. 研究目的

通过外源甜菜碱预处理对玉米幼苗耐非生物胁迫组合(如高温与干旱、高温与盐渍、高温与重金属毒害、盐渍与重金属毒害、低温与干旱等两个或多个非生物胁迫组合)的效应,说明甜菜碱在玉米幼苗耐非生物胁迫组合中的作用。

2. 方案设计提示

(1) 研究不同浓度的甜菜碱预处理对玉米幼苗耐非生物胁迫组合的影响。

(2) 可用存活率、膜伤害、组织活力等生理指标说明耐非生物胁迫的形成。

第4章　气孔运动中的信号交谈

4.1　实　验　背　景

　　气孔是陆生植物与外界环境交换水分和气体的主要通道及调节机构。它既要让光合作用需要的 CO_2 通过,又要防止过多的水分损失,因此气孔在叶片上的分布、密度、形状、大小以及开闭情况显著地影响着叶片的光合、蒸腾等生理代谢的速率。因而研究气孔运动状况很有必要,特别是植物激素 ABA 对气孔运动的影响是植物生理学研究"信号传导"的重要模式之一,研究表明,钙信使系统(Ca^{2+}、CaM 等)、蛋白质磷酸化、NO、活性氧(ROS,如 H_2O_2、$O_2\cdot^-$)、茉莉酸(JA)、水杨酸(SA)、硫化氢(H_2S)等信号分子都参与了气孔运动过程,但它们之间的相互作用(cross talk)尚不完全清楚。本章结合目前的研究热点在验证"钾离子对气孔开度的影响"的基础上,对"钙信使系统和活性氧等信号分子对 ABA 诱导的气孔运动的影响"做进一步的探讨。

4.2　实　验　目　的

　　在观察钾离子促进气孔开放的基础上,进一步探讨钙信使系统、活性氧、ABA、JA、SA 以及蛋白激酶抑制剂等对气孔运动的影响,以及它们在气孔运动中的相互作用。

4.3　实验材料的培养和处理

　　蚕豆($Vicia\ faba$ L.)种子以 0.1% $HgCl_2$ 消毒 10 min 后,漂洗干净,于 25 ℃下吸胀 12 h,播于垫有湿润纱布的带盖白磁盘(24 cm×16 cm)中催芽,每天光照 12 h,光照强度为 200 $\mu mol \cdot m^{-2} \cdot s^{-1}$,RH 为 60%,培养期间提供 1/2 荷格伦特培养液,3 周后可用于实验。

4.4　光照和钾离子对气孔开度的影响

实验 34　光照对气孔开度的影响

1. 原理

植物通过光合作用和呼吸作用一方面形成渗透调节物质如苹果酸等,另一方面提供 ATP,驱动质膜上的 K^+-H^+ 泵,使保卫细胞能逆浓度梯度从周围表皮细胞吸收钾离子,或从外界溶液中吸收钾离子。苹果酸和 K^+ 等作为渗透调节物质降低保卫细胞的渗透势,保卫细胞吸水,从而使气孔开放。

2. 材料、仪器设备及试剂

(1) 材料　蚕豆等成熟叶片。

(2) 仪器设备　光照培养箱,电子天平,显微镜(带测微尺)或可照相的显微镜,尖头镊子,载玻片,盖玻片等。

(3) 试剂　基本培养液(10 mol·L^{-1} Tris-HCl 缓冲溶液,pH 5.6,内含 50 mmol·L^{-1} KNO$_3$)。

3. 实验步骤

(1) 在 2 个培养皿中各放入 15 mL 的基本培养液。

(2) 在同一蚕豆叶上撕表皮若干,分放在上述的 2 个培养皿中。

(3) 将培养皿(其中一个用黑布包好作为对照)置于人工光照条件下照光 1 h 左右,光照强度在 200 μmol·m^{-2}·s^{-1} 左右,温度在 25 ℃左右。

4. 结果观察

制作临时装片,分别用显微镜测微尺测出或相机照出气孔开度的大小。

5. 注意事项

(1) 为了保证培养液的温度,培养液可预先在 25 ℃的水浴锅中预热。

(2) 实验过程最好在早上或下午进行,不要在中午和晚上进行。

6. 思考题

(1) 光如何影响气孔的运动?

(2) 比较单子叶和双子叶植物的气孔差别。

实验 35　钾离子对气孔开度的影响

1. 原理

保卫细胞的渗透系统受钾离子调节。在光的作用下,保卫细胞中的叶绿体通过光合磷酸化生成 ATP,ATP 驱动质膜上的 K^+-H^+ 泵,使保卫细胞能逆浓度梯度从周围表皮细胞吸收钾离子,或从外界溶液中吸收钾离子,从而降低其渗透势,使气孔开放。

2. 材料、仪器设备及试剂

(1) 材料　蚕豆等成熟叶片。

(2) 仪器设备　光照培养箱,电子天平,显微镜(带测微尺)或可照相的显微镜,尖头镊子,载玻片,盖玻片等。

(3) 试剂　基本培养液,同实验 34;去 K^+ 加 Na^+ 的基本培养液(50 mmol·L^{-1} KNO$_3$ 用 50 mmol·L^{-1} NaNO$_3$ 取代);去 K^+ 的基本培养液(不含 50 mmol/L

KNO_3）。

3. 实验步骤

（1）在三个培养皿中各放 15 mL 基本培养液、去 K^+ 加 Na^+ 的基本培养液和去 K^+ 的基本培养液。

（2）在同一蚕豆叶上撕表皮若干,分别放在上述的三个培养皿中。

（3）将培养皿置于人工光照条件下照光 1 h 左右,光照强度在 200 $\mu mol \cdot m^{-2} \cdot s^{-1}$ 左右,温度在 25 ℃ 左右。

4. 结果观察

制作临时装片,分别用显微镜测微尺测出或相机照出气孔开度的大小。

5. 注意事项

同实验 34。

6. 思考题

（1）钾离子如何影响气孔的运动?

（2）在处理钾离子的过程中不予以光照能否促进气孔开放?

4.5　钙信使系统对气孔运动的影响

实验 36　Ca^{2+} 对气孔开度的影响

1. 原理

Ca^{2+} 不仅是一种大量元素,更是一种植物感受外界环境刺激的第二信使。由于在保卫细胞质中 Ca^{2+} 浓度的增加,保卫细胞膜产生去极化状态,进一步抑制 K^+ 的内流从而提高保卫细胞的渗透势,从而导致水外流,使气孔关闭。本实验通过增加和降低保卫细胞外 Ca^{2+} 浓度,试图证实 Ca^{2+} 参与气孔运动过程。

2. 材料、仪器设备及试剂

（1）材料　蚕豆等成熟叶片。

（2）仪器设备　光照培养箱,电子天平,显微镜（带测微尺）或可照相的显微镜,尖头镊子,载玻片,盖玻片等。

（3）试剂　分别内含 2 mmol · L^{-1} $CaCl_2$、2 mmol · L^{-1} EGTA 和 1 mmol · L^{-1} $LaCl_3$ 的基本培养液（基本培养液参见实验 34）。

3. 实验步骤

（1）在 4 个培养皿中各放 15 mL 基本培养液和分别内含 2 mmol · L^{-1} $CaCl_2$、2 mmol · L^{-1} EGTA 和 1 mmol · L^{-1} $LaCl_3$ 的基本培养液。

（2）在同一蚕豆叶上撕表皮若干,分别放在上述的 4 个培养皿中。

（3）将培养皿置于人工光照条件下照光 1 h 左右,光照强度在 200 $\mu mol \cdot m^{-2} \cdot$

s^{-1}左右,温度在 25 ℃左右。

4. 结果观察

制作临时装片,分别用显微镜测微尺测出或相机照出气孔开度的大小。

5. 注意事项

(1)和(2)同实验 34;

(3) 由于 EGTA 是一种酸,在配制时一方面需要把 pH 值调到 5.0 以上才能溶解,另一方面不影响培养液的 pH 值。

6. 思考题

(1) Ca^{2+} 如何影响气孔的运动?

(2) Ca^{2+} 和 K^+ 如何调节气孔运动?

实验 37　CaM 对气孔开度的影响

1. 原理

钙信使系统的主要成员之一——钙调素(calmodulin,CaM)通过激活某些酶类包括膜酶,参与多种生理过程。本实验通过外加 CaM 抑制剂 TFP(三氟拉嗪)和 CPZ(氯丙嗪),观察它们对气孔运动的影响。

2. 材料、仪器设备及试剂

(1)材料　蚕豆等成熟叶片。

(2)仪器设备　光照培养箱,电子天平,显微镜(带测微尺)或可照相的显微镜,尖头镊子,载玻片,盖玻片等。

(3)试剂　分别内含 1 mmol·L^{-1} TFP 和 CPZ 的基本培养液(基本培养液参见实验 34)。

3. 实验步骤

(1)在 3 个培养皿中各放 15 mL 基本培养液和分别内含 1 mmol·L^{-1} TFP 与 CPZ 的基本培养液。

(2)在同一蚕豆叶上撕表皮若干,分别放在上述的 3 个培养皿中。

(3)将培养皿置于人工光照条件下照光 1 h 左右,光照强度在 200 μmol·m^{-2}·s^{-1}左右,温度在 25 ℃左右。

4. 结果观察

制作临时装片,分别用显微镜测微尺测出或相机照出气孔开度的大小。

5. 注意事项

同实验 34。

6. 思考题

(1)CaM 如何影响气孔的运动?

(2)CPZ 和 TFP 除了抑制 CaM 活性以外,还可能影响哪些生理过程?

4.6　活性氧对气孔运动的影响

实验 38　H_2O_2对气孔运动的影响

1. 原理

活性氧(ROS)的成员之一 H_2O_2 不仅是植物对外界环境胁迫的感受、传导和适应过程中的调节者,也是调节气孔运动的信号分子之一。本实验通过外加 H_2O_2 及其清除剂过氧化氢酶(CAT)和抗坏血酸(AsA),观察它们对气孔运动的影响。

2. 材料、仪器设备及试剂

(1) 材料　蚕豆等成熟叶片。

(2) 仪器设备　光照培养箱,电子天平,显微镜(带测微尺)或可照相的显微镜,尖头镊子,载玻片,盖玻片等。

(3) 试剂　分别内含 $0.1\ \text{mmol} \cdot \text{L}^{-1}\ H_2O_2$、$2\ \text{mmol} \cdot \text{L}^{-1}$ AsA,以及 $50\ \text{U} \cdot \text{mL}^{-1}$ CAT 的基本培养液(基本培养液参见实验 34)。

3. 实验步骤

(1) 在 4 个培养皿中各放 15 mL 基本培养液和分别内含 $0.1\ \text{mmol} \cdot \text{L}^{-1}\ H_2O_2$、$2\ \text{mmol} \cdot \text{L}^{-1}$ AsA,以及 $50\ \text{U} \cdot \text{mL}^{-1}$ CAT 的基本培养液。

(2) 在同一蚕豆叶上撕表皮若干,分别放在上述的 4 个培养皿中。

(3) 将培养皿置于人工光照条件下照光 1 h 左右,光照强度在 $200\ \mu\text{mol} \cdot \text{m}^{-2} \cdot \text{s}^{-1}$左右,温度 25 ℃左右。

4. 结果观察

制作临时装片,分别用显微镜测微尺测出或相机照出气孔开度的大小。

5. 注意事项

(1)和(2)同实验 34。

(3) H_2O_2 容易分解,最好现用现配。

6. 思考题

(1) H_2O_2 如何影响气孔的运动?

(2) ROS 和钙信使系统如何调节气孔运动过程?

实验 39　NO 对气孔运动的影响

1. 原理

NO 作为 ROS 的成员之一,它不仅在植物对外界环境胁迫的感受、传导和适应过程中起作用,也参与调节气孔运动过程。本实验通过外加 NO 供体硝普钠(SNP)及其清除剂 2-4,4,5,5-苯-四甲基咪唑-1-氧-3-氧化物(cPTIO),观察它们对气孔运动的影响。

2. 材料、仪器设备及试剂

（1）材料　蚕豆等成熟叶片。

（2）仪器设备　光照培养箱，电子天平，显微镜（带测微尺）或可照相的显微镜，尖头镊子，载玻片，盖玻片等。

（3）试剂　分别内含 0.1 mmol · L^{-1}（终浓度）SNP 和 0.1 mmol · L^{-1}（终浓度）cPTIO 的基本培养液（基本培养液参见实验 34）。

3. 实验步骤

（1）在 3 个培养皿中各放 15 mL 基本培养液和分别内含终浓度为 0.1 mmol · L^{-1} SNP 和 0.1 mmol · L^{-1} cPTIO 的基本培养液。

（2）在同一蚕豆叶上撕表皮若干，分别放在上述的 3 个培养皿中。

（3）将培养皿置于人工光照条件下照光 1 h 左右，光照强度在 200 μmol · m^{-2} · s^{-1} 左右，温度在 25 ℃左右。

4. 结果观察

制作临时装片，分别用显微镜测微尺测出或相机照出气孔开度的大小。

5. 注意事项

同实验 34。

6. 思考题

（1）NO 如何影响气孔的运动？用 NO 供体硝普钠来研究 NO 可能参与的生理过程有何优缺点？

（2）NO 和 ROS、钙信使系统如何调节气孔运动过程？

4.7　植物激素对气孔运动的影响

实验 40　ABA 对气孔运动的影响

1. 原理

作为植物激素的 ABA 由于其可以抑制保卫细胞膜的 K$^+$-H$^+$ 泵的活性，抑制 K$^+$ 的内流，从而提高保卫细胞的渗透势，导致水外流，使气孔关闭。

2. 材料、仪器设备及试剂

（1）材料　蚕豆等成熟叶片。

（2）仪器设备　光照培养箱，电子天平，显微镜（带测微尺）或可照相的显微镜，尖头镊子，载玻片，盖玻片等。

（3）试剂　内含 10 μmol · L^{-1} ABA 的基本培养液（基本培养液参见实验 34）。

3. 实验步骤

（1）在 2 个培养皿中各放 15 mL 基本培养液与内含 10 μmol · L^{-1} ABA 的基本

培养液。

（2）在同一蚕豆叶上撕表皮若干，分别放在上述的 2 个培养皿中。

（3）将培养皿置于人工光照条件下照光 1 h 左右，光照强度在 200 μmol·m^{-2}·s^{-1} 左右，温度为 25 ℃左右。

4. 结果观察

制作临时装片，分别用显微镜测微尺测出或相机照出气孔开度的大小。

5. 注意事项

同实验 34。

6. 思考题

（1）ABA 如何影响气孔运动？

（2）ABA 和 NO、ROS 和钙信使系统如何调节气孔运动？

实验 41　茉莉酸(JA)和水杨酸(SA)对气孔运动的影响

1. 原理

JA 和 SA 作为植物生长调节剂，有的学者也把它们归入植物激素范畴，不仅对植物的生长发育起着重要的调节作用，也参与植物对不良环境的适应过程。本实验通过外加 JA 和 SA，观察它们对气孔运动的影响。

2. 材料、仪器设备及试剂

（1）材料　蚕豆等成熟叶片。

（2）仪器设备　光照培养箱，电子天平，显微镜（带测微尺）或可照相的显微镜，尖头镊子，载玻片，盖玻片等。

（3）试剂　分别内含 1 mmol·L^{-1} JA 和 SA 的基本培养液（基本培养液参见实验 34）。

3. 实验步骤

（1）在 3 个培养皿中各放 15 mL 基本培养液与分别内含 1 mmol·L^{-1} JA 和 SA 的基本培养液。

（2）在同一蚕豆叶上撕表皮若干，分别放在上述的 3 个培养皿中。

（3）将培养皿置于人工光照条件下照光 1 h 左右，光照强度在 200 μmol·m^{-2}·s^{-1} 左右，温度为 25 ℃左右。

4. 结果观察

制作临时装片，分别用显微镜测微尺测出或相机照出气孔开度的大小。

5. 注意事项

同实验 34。

6. 思考题

（1）JA 和 SA 如何影响气孔运动？

（2）SA、JA、ABA、NO、ROS 和钙信使系统如何调节气孔运动？

实验 42　硫化氢(H_2S)对气孔运动的影响

1. 原理

近年的研究表明,硫化氢通过与其他信号分子的相互作用,参与气孔运动的调节以及其他生理过程。本实验以 NaHS 为 H_2S 供体,探讨 H_2S 对气孔运动的影响。

2. 材料、仪器设备及试剂

（1）材料　蚕豆等成熟叶片。

（2）仪器设备　光照培养箱,电子天平,显微镜（带测微尺）或可照相的显微镜,尖头镊子,载玻片,盖玻片等。

（3）试剂　内含 1 mmol·L^{-1} NaHS 的基本培养液（基本培养液参见实验 34）。

3. 实验步骤

（1）在 2 个培养皿中各放 15 mL 基本培养液与内含 1 mmol·L^{-1} NaHS 的基本培养液。

（2）在同一蚕豆叶上撕表皮若干,分别放在上述的 2 个培养皿中。

（3）将培养皿置于人工光照条件下照光 1 h 左右,光照强度在 200 $\mu mol·m^{-2}·s^{-1}$ 左右,温度为 25 ℃左右。

4. 结果观察

制作临时装片,分别用显微镜测微尺测出或相机照出气孔开度的大小。

5. 注意事项

同实验 34。

6. 思考题

（1）H_2S 如何通过与其他信号分子的相互作用调节气孔的运动？

（2）H_2S 还参与哪些植物生理过程？

4.8　本章设计性实验选题

设计性实验选题 22　钙信使系统在 ABA 诱导的气孔运动中的作用

1. 研究目的

探讨以 Ca^{2+} 和 CaM 为核心的钙信使系统在 ABA 诱导的气孔关闭过程中的作用,试图阐明钙信使系统参与 ABA 诱导的气孔关闭过程。

2. 方案设计提示

（1）培养体系可参照综合性实验。

（2）研究 K^+、ABA、Ca^{2+} 在气孔运动的信号传导过程中的相互作用。

设计性实验选题 23　活性氧在 ABA 诱导的气孔运动中的作用

1. 研究目的

探讨以 H_2O_2、$O_2 \cdot^-$ 等组成的活性氧（ROS）在 ABA 诱导的气孔关闭过程中的作用，试图阐明 ROS 参与 ABA 诱导的气孔关闭过程。

2. 方案设计提示

（1）培养体系可参照综合性实验。

（2）判定 K^+、ABA、ROS 在气孔运动的信号传导过程中的相互作用。

设计性实验选题 24　NO 在 ABA 诱导的气孔运动中的作用

1. 研究目的

探讨 NO 在 ABA 诱导的气孔关闭过程中的作用，试图阐明 NO 参与 ABA 诱导的气孔关闭过程。

2. 方案设计提示

（1）培养体系可参照综合性实验。

（2）判定 K^+、ABA、NO 在气孔运动的信号传导过程中的相互作用。

设计性实验选题 25　钙信使系统和活性氧在 ABA 诱导的气孔运动中的作用

1. 研究目的

探讨以 Ca^{2+} 与 CaM 为核心的钙信使系统和以 H_2O_2、$O_2 \cdot^-$ 为代表的活性氧（ROS）在 ABA 诱导的气孔关闭过程中的作用，试图阐明它们都参与 ABA 诱导的气孔关闭过程，以及它们在信号传导过程中的相互作用。

2. 方案设计提示

（1）培养体系可参照综合性实验。

（2）判定 K^+、ABA、ROS、Ca^{2+} 在气孔运动的信号传导过程中的相互作用。

设计性实验选题 26　NO 和活性氧在 ABA 诱导的气孔运动中的作用

1. 研究目的

探讨 NO 和以 H_2O_2、$O_2 \cdot^-$ 为代表的活性氧（ROS）在 ABA 诱导的气孔关闭过程中的作用，试图阐明它们都参与 ABA 诱导的气孔关闭过程，以及它们在信号传导过程中的相互作用。

2. 方案设计提示

（1）培养体系可参照综合性实验。

（2）判定 K^+、ABA、ROS、NO 在气孔运动的信号传导过程中的相互作用。

设计性实验选题 27　钙信使系统和 NO 在 ABA 诱导的气孔运动中的作用

1. 研究目的

探讨钙信使系统、NO 和 ROS 在 ABA 诱导的气孔关闭过程中的作用,试图阐明它们都参与 ABA 诱导的气孔关闭过程,以及它们在信号传导过程中的相互作用。

2. 方案设计提示

(1) 培养体系可参照综合性实验。

(2) 判定 K^+ 、ABA、NO、Ca^{2+} 在气孔运动的信号传导过程中的相互作用。

设计性实验选题 28　H_2S 在 ABA、JA、SA 和乙烯诱导的气孔运动中的作用

1. 研究目的

探讨 H_2S 对 ABA、JA、SA 和乙烯诱导的气孔运动过程的影响,试图阐明它们在气孔运动的信号传导中的相互作用。

2. 方案设计提示

(1) 培养体系可参照综合性实验。

(2) 研究 H_2S、ABA、JA、SA 和乙烯诱导在气孔运动的信号传导过程中的相互作用。

第 5 章　烟草悬浮细胞培养体系的建立和原生质体培养

5.1　实验背景

植物细胞具有全能性,即每个有核植物活细胞包含着能产生完整植株的全部遗传基因。从理论上讲,只要条件合适,包含着全部遗传基因的细胞都能分裂分化,产生完整的植株。植物激素如生长素和细胞分裂素在植物细胞分裂、生长和分化过程中起着重要的调节作用。当二者的比例高时促进植物木质部的形成,当二者的比例低时促进韧皮部的形成,当二者的比例适宜时促进愈伤组织的形成。形成的愈伤组织通过在液体培养基中培养建立起悬浮细胞培养体系,可以此作为研究对象,研究细胞的各种代谢过程。用纤维素酶和果胶酶处理悬浮培养细胞,使其脱去细胞壁,在合适的液体培养基上可进行继代培养,可进行原生质体融合,甚至以原生质体为基本单位进行遗传操作。

5.2　实验目的

以模式植物烟草为实验材料,通过建立合适的培养基,诱导烟草愈伤组织,建立烟草悬浮培养细胞体系,进行原生质体培养,以此作为实验材料进行多种生理过程的研究。

5.3　烟草植株的培养

烟草($Nicotiana\ tabacum$ L.)品种 Bright Yellow(BY)或其他品种的种子,以1%的 NaClO 消毒 20 min 后,用无菌水漂洗干净,然后用 0.2 mg/L 的赤霉素(GA_3)于 4 ℃浸泡过夜。第二天,把烟草种子播于垫有 6 层滤纸并用 MS 培养基湿润的无菌培养瓶中,于 24 ℃/26 ℃(夜/昼)、12 h 光照的植物生长箱中萌发并培养 8 d,而后转入盆栽并于相同条件下继续培养 30 d,以幼茎进行愈伤组织的诱导。

5.4 愈伤组织的诱导和悬浮培养细胞体系的建立

实验 43 愈伤组织的诱导

1. 原理

由于植物细胞具有全能性,适宜比例的生长素和细胞分裂素能促进愈伤组织的形成,本实验试图找到合适的生长素和细胞分裂素比例,以诱导烟草愈伤组织的形成。

2. 材料、仪器设备及试剂

（1）材料 培养 30 d 的烟草幼茎。

（2）仪器设备 培养箱,超净工作台,电子天平,酸度计,高压灭菌锅,培养皿,蒸馏水器,离心机,细菌过滤器,三角瓶,容量瓶,移液管,酒精灯,长柄镊子,解剖刀,剪刀等。

（3）试剂 75%酒精,0.1% $HgCl_2$,水解酪蛋白,大量元素,微量元素,铁盐,维生素,植物激素。

3. 实验步骤

1）植物常用培养基的配方

植物常用培养基的配方见表 5-1 和 5-2。

2）MS 培养基母液的配制

（1）大量元素母液（20×）的配制 分别称取 33 g NH_4NO_3、38 g KNO_3、8.8 g $CaCl_2 \cdot 2H_2O$、7.4 g $MgSO_4 \cdot 7H_2O$ 和 3.4 g KH_2PO_4,前三者溶解在约 600 mL 的蒸馏水中,后二者分别溶解在 100 mL 左右的蒸馏水中,充分溶解后混合,最后用蒸馏水定容到 1000 mL,4 ℃保存备用。

（2）微量元素母液（200×）的配制 按表 5-1 扩大 200 倍并溶解定容到 1000 mL 后,4 ℃保存备用。

（3）铁盐母液（200×）的配制 分别称取 5.56 g $FeSO_4 \cdot 7H_2O$ 和 7.46 g Na_2 EDTA,分别溶解在 400 mL 左右的蒸馏水中,加热煮沸溶解后,边搅拌边混合,冷却后用 1 mol·L^{-1} NaOH 调 pH 值至 5.0,用蒸馏水定容到 1000 mL,4 ℃保存备用。

（4）维生素母液（200×）的配制 按表 5-2 扩大 200 倍并溶解定容到 100 mL 后,4 ℃保存备用。

（5）植物激素母液的配制 2,4-D 和 6-糠基氨基嘌呤（激动素,Kt）分别配成 0.1 mg·mL^{-1} 溶液。2,4-D 和 Kt 分别用少量 95%乙醇和 1 mol·L^{-1} HCl 溶解后,用蒸馏水定容至 100 mL,4 ℃保存备用。

表 5-1　植物组织培养常用培养基的矿质成分　　　　（单位：mg·L^{-1}）

	矿质盐类	MS[a]	ER[b]	HE[c]	N$_6$[d]	改良 White[e]
大量元素	NH_4NO_3	1650	1200		463	
	KNO_3	1900	1900		2830	80
	$CaCl_2 \cdot 2H_2O$	440	440	75	166	
	$MgSO_4 \cdot 7H_2O$	370	370	250	185	720
	KH_2PO_4	170	340		400	
	$Ca(NO_3)_2 \cdot 4H_2O$					300
	Na_2SO_4					200
	$NaNO_3$			600		
	$NaH_2PO_4 \cdot H_2O$			125		16.5
	KCl			750		65
微量元素	KI	0.83		0.01	0.8	0.75
	H_3BO_3	6.2	0.63	1.0	1.6	1.5
	$MnSO_4 \cdot 4H_2O$	22.3	2.23	0.1	4.4	7
	$ZnSO_4 \cdot 7H_2O$	10.6		1.0	1.5	3
	Zn(螯合的)		15			
	$Na_2MoO_4 \cdot 2H_2O$	0.25	0.025			
	$CuSO_4 \cdot 5H_2O$	0.025	0.0025	0.03		0.001
	$CoCl_2 \cdot 6H_2O$	0.025	0.0025			
	$AlCl_3$			0.03		
	$NiCl_2 \cdot 6H_2O$			0.03		
	$FeCl_3 \cdot 6H_2O$			1.0		
	Na_2 EDTA	37.3	37.3		37.3	
	$FeSO_4 \cdot 7H_2O$	27.8	27.8		27.8	
	$Fe_2(SO_4)_3$					2.5

注：a. MS(Murashige Skoog)培养基(1962 年)，原来是为培养烟草细胞设计的，目前应用较广泛。

b. ER(Eriksson)培养基(1965 年)，与 MS 培养基相似。

c. HE(Heller)培养基(1953 年)，在欧洲得到广泛使用。

d. N$_6$ 培养基(1974 年)，是中国科学院植物研究所的科研人员自行设计的，适于禾谷类植物花药和花粉的培养。

e. 改良 White 培养基(1963 年)，在早期多采用，它是为培养离体根而设计的。

3）培养基的配制

取 700 mL 左右的蒸馏水，加入 6 g 琼脂粉，加热溶解后，分别加入 30 g 蔗糖，50

mL 大量元素、5 mL 微量元素、5 mL 铁盐、5 mL 维生素母液,以及 2,4-D 和 Kt 母液各 20 mL 和 1 mL,冷却后用 1 mol·L^{-1} NaOH 调 pH 值至 5.8,用蒸馏水定容到 1000 mL 后,分装于 200 mL 三角瓶中各 50 mL,于 121 ℃ 高压灭菌锅中灭菌 25 min 后冷却,待培养基凝固后使用,暂不使用时应放于 4 ℃ 冰箱中。

4）愈伤组织诱导

把培养 30 d 的烟草幼茎切成 1 cm 长的小段,先用 70% 酒精消毒 30 s,再转入 0.1% HgCl$_2$ 溶液中消毒 7 min,用无菌水漂洗 5 次后用无菌滤纸吸干,切去两端,其余切成 0.5 cm 厚的圆片并切除周围的韧皮部,把茎髓转入上述愈伤组织诱导培养基中,于 25 ℃ 下进行暗培养。

表 5-2　常用培养基有机成分　　　　　　　　　（单位:mg·L^{-1}）

药　剂	MS	ER	HE	N$_6$	改良 White
肌醇	100		100		100
烟酸	0.5	0.5		0.5	0.3
盐酸吡哆醇	0.5	0.5		0.5	0.1
盐酸硫胺素	0.4	0.5	1.0	1.0	0.1
甘氨酸	2.0	2.0		2.0	3
D-泛酸钙			2.5		
半胱氨酸			10		
尿素			200		
氯化胆碱			0.5		
吲哚乙酸	1～30			0.2	
萘乙酸		1.0			
激动素	0.04～10	0.02	0.25	1.0	
2,4-D			1.0	2.0	
蔗糖	30000	40000	20000	50000	20000
琼脂	10000			10000	10000
pH 值	5.8	5.8	5.8	5.8	5.6

4. 结果观察

在培养过程中每天观察愈伤组织的诱导情况,并做好记录,同时清除污染的材料。

5. 注意事项

（1）在配制大量元素时,由于 CaSO$_4$、CaH$_2$PO$_4$ 等会发生沉淀,所以氯化钙、硫酸镁等必须分别溶解后再在较大的体系（因配制的体积而异）中混合。配制铁盐时需分别煮沸溶解后边搅拌边混合,最后用 1 mol·L^{-1} NaOH 调 pH 值至 5.0 以上。上述所有母液需冷藏冰箱中保存,所配制的植物激素放置时间不要超过 1 周。

(2) 用酒精和高汞消毒的时间不宜过长,特别是酒精消毒时,否则材料会严重脱水而死亡。消毒后要用无菌水洗干净,以免影响后期的生长。

6. 思考题

(1) 什么是植物组织培养、外植体、愈伤组织?

(2) 愈伤组织诱导实验中要注意哪些问题?

实验 44　愈伤组织继代培养和悬浮培养细胞体系的建立

1. 原理

在较高浓度的生长素中,植物细胞保持愈伤组织的生长状态,并可继续继代培养无数次。把愈伤组织转入相同配方的液体培养基中,通过摇床振荡培养来使细胞分散和补充细胞生长所需的氧气,这样可确保细胞的正常生长。

2. 材料、仪器设备及试剂

(1) 材料　诱导 2 周的愈伤组织。

(2) 仪器设备　培养箱,超净工作台,电子天平,酸度计,高压灭菌锅,培养皿,蒸馏水器,离心机,细菌过滤器,三角瓶,容量瓶,移液管,酒精灯,长柄镊子,解剖刀,剪刀等。

(3) 试剂　75%酒精,水解酪蛋白,大量元素,微量元素,铁盐,维生素,植物激素(具体配方见实验 43)。

3. 实验步骤

(1) 愈伤组织的继代培养　实验 43 诱导 2 周的愈伤组织用解剖刀切下后转入相同配方的新鲜固体培养基中,于 25 ℃下继续进行暗培养。

(2) 烟草悬浮培养细胞的建立　诱导 2 周的愈伤组织除了进行上述继代培养外,取白色分散的愈伤组织约 2.5 g,转入含 50 mL 液体培养基(由于悬浮细胞在黑暗条件下培养只能进行异养生长,并且对磷的需求量较大,故在液体培养基中,KH_2PO_4、烟酸、盐酸吡哆醇和盐酸硫胺素的浓度分别提高到 255 mg·L^{-1}、5 mg·L^{-1}、10 mg·L^{-1} 和 10 mg·L^{-1})的 200 mL 三角瓶中,形成 1∶20 比例,于 26 ℃、120 r·min^{-1} 的摇瓶柜内暗培养 7 d,测量悬浮细胞的鲜重。即把一定体积的悬浮培养细胞通过两层定量滤纸真空抽滤 5 min,以每 10 mL 悬浮培养细胞液中所占的细胞质量表示鲜重(mg·(10 mL)$^{-1}$)。

(3) 悬浮培养细胞的继代培养　上述培养 7 d 的悬浮细胞,按 1∶5 继代到新鲜的液体培养基中,同样条件下继续培养 7 d,以对数生长期(5~6 d)的细胞为实验材料进行所需的各项研究。

4. 结果观察

在培养过程中每天观察悬浮细胞的生长情况,并做好观察记录,同时清除污染的材料。

5. 注意事项

（1）由于愈伤组织是一群尚未分化的细胞团,没有输导组织的分化,故吸收水分和营养物质比较困难。因此,固体培养基要适当减少琼脂的用量,一般为 0.6% 左右,以减小硬度。

（2）细胞悬浮培养过程中通气是关键,通常利用摇床的旋转来进行通气,但转速不能太高,一般控制在 $100\sim150\ r \cdot min^{-1}$。转速过低达不到通气和使细胞分散的目的,转速过高会产生较大的剪切力,直接导致植物细胞机械损伤,还可能诱发大量的 ROS 导致的间接损伤。

（3）植物细胞生长具有群体效应,即在一个临界浓度（个数/单位体积）以上才能生长良好。故在继代过程中要注意控制细胞的用量。

6. 思考题

（1）在植物细胞悬浮培养过程中,怎样提高细胞的同期性和分散性?

（2）愈伤组织诱导和继代过程中要注意哪些问题?

实验 45　悬浮培养细胞存活率的测定（显微计数法）

1. 原理

台盼蓝（Trypan Blue）或伊文斯蓝（Evans Blue）都是大分子染料,由于完整细胞膜具有选择透过性,即只允许水分子等小分子物质自由地跨过细胞膜而进入细胞,其他大分子如蛋白质、染料等不能进入,因此,可根据染料分子是否可以进入细胞而使其着色来判定细胞的死活。

2. 材料、仪器设备及试剂

（1）材料　实验 44 培养的悬浮细胞。

（2）仪器设备　光学显微镜或倒置显微镜,可调微量加样器,离心机,离心管,载玻片,盖玻片等。

（3）试剂　0.25% 伊文斯蓝或台盼蓝溶液。

3. 实验步骤

（1）染色　培养一定时间的烟草悬浮培养细胞,经垫有 2 层滤纸的布氏漏斗进行真空抽滤后,转入含有 0.25% 伊文斯蓝或台盼蓝溶液的离心管中染色 5 min,10000g 离心 3 min 后,用新鲜培养液悬浮并离心 3~5 次,直至上清液无色为止。此过程中注意勿使细胞处于干旱状态。

（2）镜查　将上述细胞悬浮于一定体积的新鲜培养液中,在倒置显微镜或普通光学显微镜下观察细胞的染色情况,并做详细记录,每个视野观察到的细胞应在 100 个以上,观察 3 个以上视野。

4. 结果计算

根据细胞的染色情况计算出细胞的存活率,即

细胞的存活率＝非染色细胞数/观察细胞总数×100％

5. 注意事项

在对悬浮细胞进行处理时,尽量减少次级伤害如干旱、机械损伤、缺氧等。

6. 思考题

(1) 用染料法测定植物悬浮培养细胞存活率的根据是什么? 除了此法以外,你还知道哪些测定细胞存活率的方法?

(2) 如何用染料法准确地测定细胞的存活率?

实验 46　悬浮培养细胞存活率的测定(分光光度法)

1. 原理

台盼蓝(Trypan Blue)或伊文斯蓝(Evans Blue)都是大分子染料,由于完整细胞膜具有选择透过性,即只允许水分子等小分子物质自由地跨过细胞膜而进入细胞,其他大分子如蛋白质、染料等不能进入,因此,对于细胞膜破裂的死细胞,染料分子可以进入细胞而使其着色,附着于细胞表面的染料分子可用蒸馏水漂洗后而去除,而被细胞吸收后的染料分子可在细胞破裂后释放出来,并且台盼蓝或伊文斯蓝的最大吸收峰在 600 nm 处,可根据 A_{600} 大小来判定细胞的死亡情况。

2. 材料、仪器设备及试剂

(1) 材料　实验 44 培养的悬浮细胞。

(2) 仪器设备　分光光度计,可调微量加样器,离心机,离心管等。

(3) 试剂　0.25％伊文斯蓝或台盼蓝溶液,含 1％SDS 的 50％甲醇溶液。

3. 实验步骤

(1) 染色　取培养一定时间的烟草悬浮培养细胞 2 mL 转入离心管中,加入等体积的 0.25％伊文斯蓝或台盼蓝溶液,室温染色 5 min。而后于 10000g 离心 3 min 后,用新鲜培养液悬浮并离心 3~5 次,直至上清液无色为止。此过程中注意勿使细胞处于干旱状态。以沸水杀死(煮沸 5 min)的细胞为对照做同样的处理。

(2) 细胞的破裂和染料的提取　在上述离心沉淀后的细胞中加入 1 mL 含 1％SDS 的 50％甲醇溶液,盖好盖子后,于 80 ℃水浴中抽提 30 min。

(3) 测定　染料提取完全后(细胞变白),抽提液于 10000g 离心 10 min,测出上清液 A_{600}。

4. 结果计算

用 A_{600} 的大小来表示细胞活力的大小,即 A_{600} 越大,细胞伤亡越严重,A_{600} 越小,细胞伤亡越轻。也可以用百分比表示相对细胞活力的大小,即 $(A_c - A_t)/A_c \times 100％$,$A_c$ 表示对照(杀死细胞)的吸光度,A_t 表示不同处理组或正常细胞的吸光度。

5. 注意事项

(1) 在对悬浮细胞进行染色、离心等处理时,尽量减少次级伤害,如干旱、机械损伤、缺氧等。

（2）在洗涤染料的过程中，避免细胞的损失。

6. 思考题

（1）用分光光度法和显微镜计数法测定植物悬浮培养细胞存活率的根据是什么？它们有什么区别和联系？

（2）用分光光度法测定细胞的存活率时要注意哪些问题？

实验 47　悬浮培养细胞活力的测定（TTC 法）

具体方法参照实验 3。

实验 48　悬浮培养细胞渗透势的测定（质壁分离法）

1. 原理

完整细胞膜具有选择透过的特性，即只允许水分子等小分子物质自由地跨过细胞膜而进入细胞，其他大分子如蔗糖等不能进入细胞或进入细胞的速度慢于水分子。由于细胞外界溶液中蔗糖浓度高于细胞内部，导致外界溶液的渗透势下降，细胞水分迅速向外流动而导致细胞发生质壁分离，细胞刚刚要发生质壁分离但还没有完全发生时的外界溶液渗透势就是植物细胞的水势。

2. 材料、仪器设备及试剂

（1）材料　实验 44 培养的悬浮细胞。

（2）仪器设备　光学显微镜或倒置显微镜，可调微量加样器，载玻片，盖玻片等。

（3）试剂　$1\ mol \cdot L^{-1}$ 蔗糖溶液。

3. 实验步骤

（1）染色　培养一定时间的烟草悬浮培养细胞，经垫有 2 层滤纸的布氏漏斗进行真空抽滤后，分别转入 $0.05\ mol \cdot L^{-1}$、$0.1\ mol \cdot L^{-1}$、$0.2\ mol \cdot L^{-1}$、$0.3\ mol \cdot L^{-1}$、$0.4\ mol \cdot L^{-1}$、$0.5\ mol \cdot L^{-1}$、$0.6\ mol \cdot L^{-1}$、$0.7\ mol \cdot L^{-1}$ 蔗糖溶液中（一定体积的悬浮细胞中加入 $1\ mol \cdot L^{-1}$ 蔗糖溶液使其终浓度分别为 $0.05\ mol \cdot L^{-1}$、$0.1\ mol \cdot L^{-1}$、$0.2\ mol \cdot L^{-1}$、$0.3\ mol \cdot L^{-1}$、$0.4\ mol \cdot L^{-1}$、$0.5\ mol \cdot L^{-1}$、$0.6\ mol \cdot L^{-1}$、$0.7\ mol \cdot L^{-1}$），注意边加边摇匀，室温培养 30 min。

（2）镜查　用可调微量加样器分别吸取上述细胞于载玻片中，制成水封片，在倒置显微镜或普通光学显微镜下观察细胞的质壁分离情况，并做详细记录。

4. 结果计算

以 50% 细胞发生质壁分离的蔗糖溶液浓度作为等渗浓度，按下式计算植物组织水势：

$$\Psi_s = -iCRT$$

式中：Ψ_s 为植物细胞的渗透势，单位为大气压，最后换算成标准单位 Pa，1 大气压=

$1.013×10^5 Pa$；

C 为等势点的蔗糖溶液浓度($mol·L^{-1}$)，即等渗浓度；

R 为摩尔气体常数；

T 为绝对温度，即 $273+t$(t 为当时温度，℃)；

i 为解离常数(蔗糖为1)。

5. 注意事项

(1) 在对悬浮细胞进行抽滤等处理时，尽量减少次级伤害，如干旱、机械损伤等。

(2) 放入不同浓度蔗糖溶液中的细胞应尽可能地定量，以减少对溶液浓度的影响。

6. 思考题

(1) 用质壁分离法测定细胞渗透势和用小液流法测定植物组织的水势有何异同点？

(2) 用质壁分离法测定细胞渗透势的优缺点是什么？

实验 49　原生质体培养与融合

1. 原理

植物细胞壁对细胞有良好的保护作用。去除细胞壁之后如果溶液中的渗透压和细胞内的渗透压不同，原生质体有可能胀破或收缩。因此在酶液、洗液和培养液中渗透压应大致和原生质体内的相同，或者比细胞内渗透压略大些。渗透压大些有利于原生质体的稳定，但也有可能阻碍原生质体的分裂。因此，在分离原生质体的酶溶液内，需加入一定量的渗透稳定剂，其作用是保持原生质体膜的稳定，避免破裂。常用的两种系统如下。

① 糖溶液系统：包括甘露醇、山梨醇、蔗糖和葡萄糖等，浓度在 $0.40～0.80$ mol·L^{-1}。此系统还可促进分离的原生质体再生细胞壁并继续分裂。

② 盐溶液系统：包括 KCl、$MgSO_4$ 和 KH_2PO_4 等。其优点是获得的原生质体不受生理状态的影响，因而材料不必在严格的控制条件下栽培，不受植株年龄的影响，使某些酶有较大的活性使原生质体稳定。

另外，添加牛血清蛋白可减少或防止降解细胞壁过程中对细胞器的破坏。近年来多采用在盐溶液内进行原生质体分离，然后再用糖溶液作渗透稳定剂的培养基中培养。此外，酶溶液里还可加入适量的葡聚糖硫酸钾，它可提高原生质体的稳定性。这种物质可使 RNA 酶不活化，并使离子稳定。

将有活力的原生质体在适当的培养基和培养条件下培养，很快就开始出现细胞壁再生和细胞分裂的过程。$1～2$ 个月后，通过细胞的持续分裂，在培养基上出现肉眼可见的细胞团。细胞团长到 $2～4$ mm，即可转移到分化培养基上，诱导芽和根长成完整的植株。原生质体的培养方法包括液体培养法、平板法培养法、悬滴法培养法、双层培养法和饲喂层培养法，这里主要介绍液体培养法。液体培养法是在培养基中不加凝胶剂,原生质体悬浮在液体培养基中,常用的是液体浅层培养法,即在培养皿底部铺一薄层含有原生质体的培养液。这种方法操作简便,对原生质体伤害较小,且便于添加培养基和转移培养物,是目前原生质体培养工作中广泛应用的方法之一。其缺点是原生质体在培养基中分布不均匀,容易造成局部密度过高或原生质互相粘连而影响进一步的生长发育,并且难以定点观察,很难监视单个原生质体的发育过程。

2. 材料、仪器设备及试剂

(1) 材料　悬浮培养细胞或疏松的愈伤组织。

(2) 仪器设备　台式离心机,离心管,200 目滤网,培养皿,滤纸,0.2 μm 滤膜,过滤器,培养瓶,高压灭菌锅,超净工作台,光学显微镜或倒置显微镜,可调微量加样器,载玻片,盖玻片等。

(3) 试剂　酶液:1%纤维素酶,1%果胶酶,0.7 mol·L^{-1}甘露醇,0.7 mmol·L^{-1} KH$_2$PO$_4$,10 mmol·L^{-1} CaCl$_2$·2H$_2$O,pH6.8~7.0。13% CPW 洗液:27.2 mg·L^{-1} KH$_2$PO$_4$,101.0 mg·L^{-1} KNO$_3$,1480.0 mg·L^{-1} CaCl$_2$·2H$_2$O,246.0 mg·L^{-1} MgSO$_4$,0.16 mg·L^{-1} KI,0.025 mg·L^{-1} CuSO$_4$,13%甘露醇,pH 6.0。愈伤组织诱导培养基:实验 43 的愈伤组织诱导培养基中加 13%甘露醇。

3. 实验步骤

(1) 细胞壁降解与洗涤　将实验 44 培养的烟草悬浮细胞通过无菌过滤器过滤后,放入酶液中,置于摇床上(60~70 r·min^{-1}),在 25~28 ℃黑暗条件下,酶解 5~7 h,用 200 目滤网过滤除去未完全消化的残渣。在 1000 r·min^{-1}条件下离心 5 min,弃上清液。加入 3~4 mL 13%CPW 洗液,相同条件下离心 2~5 min,弃上清液,留 1 mL 洗液。用滴管将混有原生质体的 1 mL 洗液吸出,轻轻铺于 20%蔗糖溶液上(5 mL 离心管装 3 mL 20%蔗糖溶液),在 1000 r·min^{-1}条件下离心 5~10 min,活力强状态好的原生质体漂浮在 20%蔗糖溶液与 13% CPW 溶液之间,破碎的细胞残渣沉入管底。用 200 μL 可调微量加样器轻轻将状态好的原生质体吸出,放入另一干净的离心管中,加 4 mL 13%CPW 洗液,1000 r·min^{-1}离心 2~5 min,弃上清液。用血球计数板调整原生质体密度为 10^5~10^6/mL。

(2) 原生质体融合　将 1~2 滴原生质体混合物滴入小培养皿,静置 8~10 min。相对方向加入 2 滴 40%的 PEG 溶液,静置 10 min,依次间隔 5 min 加入 0.5 mL、1 mL 和 2 mL 含 13%甘露醇的 CPW 洗液洗涤,注意在加入第二、三次洗液前,用可调微量加样器轻轻吸走部分溶液,但不能吸干,否则原生质体破碎死亡;最后用液体培养基洗 1~2 次即可进行培养。

(3) 培养　将原生质体或融合体悬液于愈伤组织诱导培养基上进行浅层培养,在温度(25±2) ℃,光照强度 20 μmol·m^{-2}·s^{-1},光照时间 14~16 h·d^{-1}的条件下培养,经 1~2 个月后在培养基上出现肉眼可见的细胞团。细胞团长到 2~4 mm,即可转移到分化培养基上,诱导分化芽和根,长成小植株。

4. 结果观察

通过倒置显微镜观察两种原生质体加入 PEG 融合液后,发生粘连,在洗涤过程中发生膜融合的过程,核融合通常于融合体第一次有丝分裂过程中发生。观察培养过程中愈伤组织的诱导及芽和根的分化过程。

5. 注意事项

(1) 在对悬浮细胞进行除壁、洗涤、融合等处理时,所用仪器设备必须灭菌,整个过程需要在无菌条件下进行。

(2) 对原生质体进行除壁、洗涤、融合和培养过程中除了考虑营养因素外,还要考虑渗透调节物质的浓度。

6. 思考题

(1) 对悬浮细胞进行除壁、洗涤、融合等过程中要注意哪些问题?

(2) 原生质体的融合方法有哪些? 它们各有什么优缺点?

实验 50　原生质体活力的测定(FDA 染色法)

1. 原理

在原生质体培养前,常常先对原生质体的活力进行检测。原生质体活力的测定方法主要有形态识别法和染色识别法。形态识别法即形态上完整,含有饱满的细胞质,颜色新鲜的原生质体即为存活的。染色识别法又包括观察胞质环流、活性染料染色、荧光素双醋酸酯(FDA)染色等方法。这些方法各有特点,但现在一般用的是 FDA 染色法。FDA 本身无荧光,无极性,可透过完整的原生质体膜。一旦进入原生质体,由于受到脂酶作用分解而产生有荧光的极性物质——荧光素。它不能自由出入原生质体膜,因此有活力的细胞便产生荧光,而无活力的原生质体不能分解 FDA,因此无荧光产生。

2. 材料、仪器设备及试剂

(1) 材料　刚分离的或经过培养的原生质体。

(2) 仪器设备　荧光显微镜,倒置显微镜或光学显微镜,可调微量加样器,载玻片,盖玻片等。

(3) 试剂　$2 \, mg \cdot mL^{-1}$ FDA 丙酮溶液,4 ℃保存。

3. 实验步骤

取洗涤过的原生质体悬浮液 0.5 mL,置于 ø10 mm×100 mm 的小试管中,加入 FDA 溶液使其最终浓度为 0.01%,混匀,置于室温 5 min 后用荧光显微镜观察。激发光滤光片用 QB24,压制滤光片用 JB8。

4. 结果观察

发绿色荧光的原生质体为有活力的,不产生荧光的为无活力的。由于叶绿素的影响,叶肉原生质发黄绿色荧光的为有活力的,发红色荧光的为无活力的。根据原生质体的发荧光情况计算出原生质体的活力,即

$$原生质体活力=\frac{绿色荧光原生质体数}{观察原生质体总数}×100\%$$

5. 注意事项

用荧光显微镜进行观察时,注意选用合适的激发光滤光片和压制滤光片。

6. 思考题

(1) FAD 法测定原生质体活力的原理是什么? 此法可否用来测定细胞活力?

(2) 除了 FAD 法以外,你还知道哪些测定原生质体活力的方法? 它们的原理是什么? 各有什么优缺点?

5.5　本章设计性实验选题

设计性实验选题 29　菊花悬浮培养细胞体系的建立

1. 研究目的

利用植物激素的适宜比例和浓度,在对菊花花瓣等器官进行愈伤组织诱导的基础上,建立菊花悬浮培养细胞体系。

2. 方案设计提示

可以即将开放的菊花花瓣为实验材料进行愈伤组织的诱导。

设计性实验选题 30　胡萝卜悬浮培养细胞体系的建立

1. 研究目的

利用植物激素的适宜比例和浓度,在对胡萝卜块根等器官进行愈伤组织诱导的基础上,建立胡萝卜悬浮培养细胞体系。

2. 方案设计提示

可以胡萝卜块根为实验材料进行愈伤组织的诱导。

设计性实验选题 31　萝卜悬浮培养细胞体系的建立

1. 研究目的

利用植物激素的适宜比例和浓度,在对萝卜块根等器官进行愈伤组织诱导的基础上,建立萝卜悬浮培养细胞体系,为进行萝卜和甘蓝的原生质体融合实验研究奠定基础。

2. 方案设计提示

可以萝卜块根为实验材料进行愈伤组织的诱导。

设计性实验选题 32　甘蓝悬浮培养细胞体系的建立

1. 研究目的

利用植物激素的适宜比例和浓度,在对甘蓝叶片等器官进行愈伤组织诱导的基础上,建立甘蓝悬浮培养细胞体系,为进行萝卜和甘蓝的原生质体融合实验研究奠定基础。

2. 方案设计提示

可以甘蓝叶片为实验材料进行愈伤组织的诱导。

设计性实验选题 33　烟草愈伤组织芽和根分化的诱导

1. 研究目的

基于当生长素浓度和细胞分裂素浓度比值较低时诱导芽的分化,二者比值较高时诱导根的分化的原理,利用愈伤组织分别进行芽和根分化的诱导。

2. 方案设计提示

(1) 由于愈伤组织培养基中的含量较高的 2,4-D 可能影响芽和根的分化,故在芽和根分化的培养基中适当提高细胞分裂素 Kt 或 6-苄氨基嘌呤(6-BA)的浓度。

(2) 当细胞分裂素与生长素比例高时,有利于芽的分化,比例低时有利于根的分化,比例中等时有利于芽和根的同时分化。

(3) 也可以先诱导芽的分化,再诱导根的分化。

设计性实验选题 34　萝卜和甘蓝原生质体融合

1. 研究目的

在分别建立萝卜和甘蓝悬浮培养细胞体系的基础上,利用纤维素酶和果胶酶脱去细胞壁后进行原生质体融合,观察二者融合的难易程度及其融合后的遗传和生理生化特性的稳定性。

2. 方案设计提示

(1) 用纤维素酶和果胶酶去除萝卜和甘蓝细胞壁,进行原生质体培养。

(2) 采用 PEG 或电融合法进行原生质体融合。

设计性实验选题 35　台盼蓝或伊文斯蓝测定原生质活力的方法探讨

1. 研究目的

台盼蓝或伊文斯蓝是大分子染料,已经广泛应用于细胞活力的测定研究中,但在原生质体中运用很少。本研究试图利用此两种大分子染料进入原生质体的速度大大慢于水分的原理,找到合适的染色浓度和染色时间,以方便、快捷地测定原生质体活力。

2. 方案设计提示

(1) 确定合适的染料浓度。

(2) 确定合适的染色时间。

设计性实验选题 36　烟草悬浮培养细胞的抗逆性的相关研究

1. 研究目的

在参考本书第 3 章内容的基础上,以烟草悬浮培养细胞为研究材料,探讨烟草悬浮培养细胞耐热、冷、盐、重金属胁迫等非生物耐性,并证实交叉适应现象的存在。

2. 方案设计提示

(1)可做抗热、冷、盐、渗透胁迫和重金属毒害等方面的研究,具体方法可参阅第 3 章有关内容。

(2)建议以培养 5～6 d(对数期)的烟草细胞为实验材料。

第6章 高等植物叶绿体及其色素

6.1 实 验 背 景

高等植物叶绿体中含有叶绿素(包括叶绿素 a 和叶绿素 b)和类胡萝卜素(包括胡萝卜素和叶黄素)两大类。它们与类囊体膜上的蛋白质相结合,成为色素蛋白复合体。所有类胡萝卜素、叶绿素 b 和大部分叶绿素 a 都是光能的捕捉器,即能把其所捕捉的太阳能以诱导共振的方式高效地传递给作用中心色素(少部分叶绿素 a,即 P_{680} 和 P_{700}),起到了漏斗或天线的作用,因此又把它们称为天线色素。作用中心色素利用天线色素传来的太阳能,把光能转化为电能。因此,研究光合色素或光合色素蛋白复合物具有重要的意义。

6.2 实 验 目 的

根据不同光合色素的理化性质不同,在提取、分离和探讨理化性质的的基础上,进一步测定它们的吸收光谱和含量,有助于加深对光合色素功能的理解。

6.3 叶绿体色素理化性质及含量的测定

实验 51 光合色素的提取和理化性质

1. 原理

由于高能植物中四类色素是一种弱极性分子,根据相似相溶原理,它们只能溶于具有一定极性的有机溶剂中,如丙酮、乙醇等,故可用具有一定极性的有机溶剂提取高等植物光合色素。

其次,由于叶绿素是一种被叶绿醇和甲醇酯化所形成的酯,因此能发生皂化反应,即水解,而类胡萝卜素不是酯,不能发生皂化反应;由于镁原子与卟啉环结合得不稳定,容易被 H^+、Cu^{2+}、Zn^{2+} 等取代而生成相应的去镁叶绿素、铜代或锌代叶绿素;提取出的体外叶绿素分子由于提取液中无电子受体,故可观察荧光现象;体外叶绿素分子由于失去了类囊体膜上的高度有序的排列特征,吸收光能后容易与空气中的氧气反应,形成加氧叶绿素而呈褐色。

2. 材料、仪器设备及试剂

（1）材料　新鲜菠菜叶片。

（2）仪器设备　天平，研钵，漏斗，毛细管，滤纸，酒精灯，试管，试管架等。

（3）试剂　丙酮，碳酸钙，石英砂，石油醚，苯，20％KOH 甲醇溶液，50％醋酸，醋酸铜粉末。

3. 实验步骤

（1）光合色素提取　称取新鲜植物叶片 2 g，放入研钵中并加丙酮 5 mL 及少许碳酸钙和石英砂，研磨成匀浆，再加丙酮 5 mL，然后以漏斗过滤，即得叶绿体色素提取液。

（2）荧光现象观察　垂直于光线方向观察色素提取液在反射光和透射光下所呈的颜色，晚上可用手电筒作为光源。

（3）光破坏作用　将 1 mL 色素提取液置于室内，1 mL 色素提取液置于室外太阳光下，30 min 后观察颜色变化。

（4）皂化反应　取一支试管，加入色素提取液 5 mL，加入 20％KOH 甲醇溶液 2 mL，摇匀，加入苯 5 mL，轻轻摇动，沿试管壁慢慢加入自来水 2 mL，轻轻摇动后观察，注意观察整个过程颜色的变化。

（5）取代反应　取一支试管，加入 3 mL 色素提取液，逐滴加入 50％醋酸直至溶液变为黄褐色。倒出一半，加入少许醋酸铜粉末，酒精灯上加热，与另一半比较颜色的差异。

4. 结果观察

记录光合色素提取和各种理化现象过程中光合色素的颜色变化并分析之。

5. 注意事项

（1）叶绿素提取过程中加入的碳酸钙要适量，少了达不到中和有机酸的目的，多了可能改变提取液的 pH 值。

（2）实验中所用到的丙酮、苯、甲醇、石油醚等有机溶剂是可燃试剂，在用酒精灯加热时，要远离可燃试剂。

6. 思考题

（1）色素提取过程中为什么要加入碳酸钙和石英砂？二者加多或加少了将怎样影响色素的提取效果？

（2）什么是荧光现象？提取的离体色素能用肉眼观察到荧光现象，而为什么活体中肉眼看不到呢？

（3）什么是光破坏作用？提取的离体色素能用肉眼观察到光破坏作用现象的发生，而为什么活体中肉眼看不到呢？

（4）高等植物光合色素分为哪些类型？它们的生理功能分别是什么？

实验 52　光合色素的吸收光谱的测定

1. 原理

由于各种色素的相对分子质量、分子极性、分子结构、溶解度等不完全相同,因此在纸层析中它们在固定相(滤纸吸附的薄层水相)和流动相(启动剂)中的分配不同,即分配系数不同,故可用纸层析的方法把它们分开。

高等植物中四类色素都有共同的结构特征,即共轭体系,因此它们对光能的捕捉能力都很强,但不同的色素分子对可见光的捕捉范围不完全相同。叶绿素主要吸收红光和蓝紫光,而类胡萝卜素主要吸收蓝紫光。

2. 材料、仪器设备及试剂

(1) 材料　新鲜菠菜叶片。

(2) 仪器设备　层析缸(或标本缸或大试管),分光光度计(带光谱扫描的最好),比色皿,试管,试管架,层析用大试管,研钵,毛细管,漏斗。

(3) 试剂　丙酮,碳酸钙,石英砂,无水硫酸钠,启动剂,石油醚、丙酮、苯的体积比为 10:2:1 的混合溶液。

3. 实验步骤

(1) 光合色素的提取　同实验 51。

(2) 纸层析分离　取准备好的滤纸条(2 cm×22 cm),将其一端剪去两侧,中间留一长 1.5~2 cm,宽约 0.5 cm 的窄条。用毛细管取叶绿素浓缩液(吸取提取液 1 mL,加入适量无水硫酸钠)点于窄条上端,注意一次所点溶液不可过多,如色素过淡,用电吹风吹干后再点 5~7 次,至深绿色。在大试管中加入启动剂 3~5 mL。然后将滤纸固定于橡皮塞上,插入试管内,使窄端浸入溶剂中(色素点要略高于液面,滤纸条边缘不可碰到试管壁,并且保持滤纸条垂直)。将橡皮塞盖紧,直立于阴暗处层析。0.5 h 左右后(视色素分开情况而定),观察色素带分布。最上端是橙黄色(胡萝卜素),其次是鲜黄色(叶黄素),再次是蓝绿色(叶绿素 a),最后是黄绿色(叶绿素 b)。注意它们的峰面积大小。

(3) 光合色素溶解　将上述用纸层析分离的 4 种色素带用剪刀剪下后,分别溶于 4 mL 左右的丙酮中,转入 1 cm 比色皿中后用带扫描功能的分光光度计扫描 4 种色素的吸收光谱,或用普通分光光度计每隔 2 nm 测定 4 种色素的吸光度,并绘制出吸收光谱图。

(4) 全色素吸收光谱　按照实验 51 的方法提取光合色素后,取 4 mL 左右的色素提取液,按照上述方法测定全色素的吸收光谱。

4. 结果观察

(1) 画出纸层析分离色素的相关图形并分析色素彼此分开的原因。

(2) 画出或打印出 4 种纯色素和全色素的吸收光谱图,并分析和比较之。

5. 注意事项

(1) 叶绿素提取过程中加入的碳酸钙要适量,少了达不到中和有机酸的目的,多了可能改变提取液的 pH 值。

(2) 如果用不带扫描功能的分光光度计每隔 2 nm 测定光合色素的吸收光谱,每次更换波长后都要重新调"0"和"100"。

(3) 色素分离实验中,点样时可以点成点,也可以点成带,但要控制色带宽度或点的直径;加入启动剂时勿弄湿试管壁,启动剂不能碰到点样处。

6. 思考题

(1) 用纸层析法分离光合色素的原理是什么?除了用纸层析法以外,你还知道哪些分离色素的方法?

(2) 比较叶黄素、胡萝卜素、叶绿素 a 和叶绿素 b 4 种纯色素和全色素的吸收光谱图,它们的吸收光谱图对理解光合作用有什么启示?

(3) 如果纸层析结果出现 4 条以上的色素带,如何解释这种现象?准备测定不同色素的吸收光谱时,如何用剪刀剪取所需的色素?

实验 53　光合色素含量的测定

Ⅰ　叶绿素总量的快速测定

1. 原理

由于叶绿素 a、b 在 652 nm 处有共同吸收,其比消光系数 $k=34.5$ L·g^{-1}·cm^{-1},SPAD 型便携式叶绿素测定仪就是根据这一原理设计的,故可活体检测出植物叶片的叶绿素总量,其单位为 SPAD。

2. 材料、仪器设备及试剂

(1) 材料　新鲜菠菜叶片。

(2) 仪器设备　SPAD 型便携式叶绿素测定仪。

3. 实验步骤

(1) 仪器调零　装入七号电池后,将开关拨到"ON",仪器会出现"CL",即 calibration(校准)的缩写,在无叶片的情况下按下校准按钮(大拇指按钮),听到"嘀"的一声后,液晶屏幕出现"$N_0=0$",说明仪器已经校准完毕。

(2) 叶绿素总量的测定　仪器校准完毕后,松开大拇指按钮,夹入叶片(避开大的叶脉),按下大拇指按钮,听到"嘀"的一声后,屏幕出现"$N_1=\times$",说明叶片的叶绿素含量为× SPAD,避开大的叶脉后在不同叶位多测定几次,求出平均值。

4. 结果计算

求出平均值后用"平均值±标准误差 SPAD"表示叶片的叶绿素总量。

5. 注意事项

在快速测定过程中,尽量取用较薄的叶片,否则误差较大。同时,应尽量避开较大的叶脉。

6. 思考题

(1) 为什么快速测定法只能测出叶绿素总量,而不能分别测出叶绿素 a 和叶绿素 b 含量?

(2) 除了快速测定法以外,你还知道哪些快速测定光合色素的方法?

Ⅱ　光合色素含量的测定(分光光度法)

1. 原理

由于叶绿素 a、b 在 80% 的丙酮溶液中,它们在红光区域的最大吸收峰分别在 663 nm 和 645 nm 处,并且在 80% 的丙酮溶液中,它们在这两个波长处的比消光系数都是常数,即 663 nm 波长下,叶绿素 a、b 在该溶液中的比消光系数分别为 82.04 $L \cdot mg^{-1} \cdot cm^{-1}$ 和 9.27 $L \cdot mg^{-1} \cdot cm^{-1}$,在 645 nm 波长下分别为 16.75 $L \cdot mg^{-1} \cdot cm^{-1}$ 和 45.60 $L \cdot mg^{-1} \cdot cm^{-1}$,故可根据比尔定律的加和性分别测出不同波长处的吸光度后,通过建立方程组来分别求出不同色素的含量:

$$A_{663} = 82.04 C_a + 9.27 C_b \qquad ①$$
$$A_{645} = 16.75 C_a + 45.60 C_b \qquad ②$$

式①、式②中的 A_{663} 和 A_{645} 分别为叶绿素溶液在 663 nm 和 645 nm 波长处的吸光度, C_a、C_b 分别为叶绿素 a 和 b 的浓度,以 $mg \cdot L^{-1}$ 为单位。解方程组(①、②),得

$$C_a = 12.72 A_{663} - 2.59 A_{645} \qquad ③$$
$$C_b = 22.88 A_{645} - 4.67 A_{663} \qquad ④$$

将 C_a 与 C_b 相加即得叶绿素总量(C_T):

$$C_T = C_a + C_b = 20.2 A_{645} + 8.05 A_{663} \qquad ⑤$$

另外,由于叶绿素 a、b 在 A_{652} 的吸收峰相交,两者有相同的比消光系数(均为 34.5 $L \cdot mg^{-1} \cdot cm^{-1}$),也可以在此波长下测定一次($A_{652}$)而求出叶绿素 a、b 总量:

$$C_T = \frac{A_{652} \times 1000}{34.5} \qquad ⑥$$

在有叶绿素存在的条件下,用分光光度法可同时测出溶液中类胡萝卜素的含量。 Lichtenthaler 等对 Amon 法进行了修正,提出了 80% 丙酮提取液中三种色素含量的计算公式:

$$C_a = 12.21 A_{663} - 2.81 A_{645} \qquad ⑦$$
$$C_b = 20.13 A_{645} - 5.03 A_{663} \qquad ⑧$$
$$C_{x \cdot c} = \frac{1000 A_{470} - 3.27 C_a - 104 C_b}{229} \qquad ⑨$$

式中:C_a、C_b 分别为叶绿素 a 和 b 的浓度;$C_{x \cdot c}$ 为类胡萝卜素的总浓度;A_{663}、A_{645}、A_{470} 分别为叶绿体色素提取液在 663 nm、645 nm、470 nm 波长下的吸光度。

由于叶绿体色素在不同溶剂中的吸收光谱有差异,因此,在使用其他溶剂提取色素时,计算公式也有所不同。叶绿素 a、b 在 95% 乙醇中最大吸收峰的波长分别为

665 nm 和 649 nm,类胡萝卜素为 470 nm,可据此列出以下关系式:

$$C_a = 13.95A_{665} - 6.88A_{649}$$
$$C_b = 24.96A_{649} - 7.32A_{663}$$
$$C_{x \cdot c} = \frac{1000A_{470} - 2.05C_a - 114.8C_b}{245}$$

2. 材料、仪器设备及试剂

(1) 材料　新鲜菠菜叶片。

(2) 仪器设备　分光光度计,比色皿,容量瓶,天平,研钵,离心机,离心管,试管,试管架。

(3) 试剂　80%丙酮,$CaCO_3$,石英砂。

3. 实验步骤

(1) 色素提取　将植物叶片洗净并用滤纸吸干,准确称取叶片 0.1 g,加入少许 $CaCO_3$ 和石英砂及 80%丙酮 3 mL,充分研磨,转入离心管中,残渣再用 80%丙酮 3 mL提取,合并提取液,最后用 10 mL80%丙酮洗研钵,转入离心管中,平衡,5000g 离心 15 min,上清液定容至 25 mL,置于黑暗处备用。

(2) 色素测定　以 1 cm 比色皿分别测定 A_{663}、A_{645} 和 A_{470}。将吸光度控制在 0.1~0.8。

4. 结果计算

求得色素的浓度 C(mg · L^{-1})后,再按下式计算组织中各色素的含量(单位为 mg · g^{-1},组织以鲜重或干重表示):

$$叶绿体色素含量 = \frac{叶绿素的浓度(C) \times 提取液体积 \times 稀释倍数}{样品鲜重(或干重)}$$

5. 注意事项

(1) 整个色素的提取过程尽量在弱光下进行,以减少色素的破坏;提取后的离体色素应在黑暗中保存。

(2) 测定过程中吸光度应控制在 0.1~0.8。

6. 思考题

(1) 快速测定法和分光光度法测定叶绿素含量有何区别和联系? 它们各有什么优缺点?

(2) 如果测定过程中吸光度超过 1.0,接下来如何进行更准确的测定?

实验 54　叶绿体光诱导荧光强度的测定

1. 原理

叶绿体色素在照光时能辐射出荧光。研究叶绿体色素荧光性质,有助于了解它的分子激发态、分子之间的能量传递以及分子在活体内的排列。叶绿体光诱导荧光强度的变化(以下简称可变荧光)是由于叶绿体吸收光能后,光能在转化和电子传递过程中受阻,能量不能正常地传递下去,而以荧光的形式释放出来,使荧光的强度增加。如果这种变化是由光的影响引起的,就称为光诱导的可变荧光。当然,也可由其他条件诱导出可变荧光。在室温条件下,叶绿体在 685 nm 处呈现一个荧光发射峰,它是由光系统 Ⅱ 发射出来的,这部分荧光称为固定荧光(F_0),它是物理性的,与光系统 Ⅱ 的原初反应和电子传递无关。当对叶绿体进行光诱导时,发射出的荧光称为可变荧光(ΔF)。固定荧光和可变荧光之和称为总荧光(F_{max})。由此可见,可变荧光(ΔF)可以代表光系统 Ⅱ 反应中心可能利用及转化能量的能力。所以,ΔF 在一定程度上代表光系统 Ⅱ 反应中心的活性。而可变荧光与固定荧光的比值则表示光系统 Ⅱ 的光能转换效率。因此,可作为叶绿体光化学活性的一个重要指标。

2. 材料、仪器设备及试剂

(1) 材料　新鲜菠菜叶片。

(2) 仪器设备　冰箱,组织捣碎机,冷冻离心机,玻璃匀浆器,动力学分光光度计。

(3) 试剂　叶绿体制备缓冲溶液(简称制备液):0.05 mol·L^{-1}磷酸盐缓冲溶液,内含 0.3 mol·L^{-1}蔗糖溶液和 0.1 mol·L^{-1} KCl 溶液,pH7.2。

3. 实验步骤

(1) 叶绿体的制备　称取 10 g 弃去大叶脉的新鲜植物叶片,先用自来水冲洗,再用蒸馏水洗净,吸干水分后,放在冰箱里冷冻。然后用剪刀剪碎,置于预冷的组织捣碎机的玻璃缸内,加入 50 mL 制备液,用 4 层纱布将匀浆过滤,滤液在 4 ℃下用 1000g 离心 10 min。弃去上清液,在沉淀中加入 40 mL 制备液悬浮,再次用 1000g 离心 10 min,取出沉淀,用 15 mL 制备液在玻璃匀浆器内匀浆,则得叶绿体悬浮液备用。

(2) 仪器调整　将仪器调整好,并把相关的参数调到预定值,使仪器运转正常。在光电倍增管前加一个 684 nm 的滤光片,并把激发光波长调到 436 nm 或 480 nm。

(3) 调整基线　将空白缓冲溶液倒入比色皿中,放入样品室的样品架上,打开激发光谱录基线,如果信号过大,说明滤光片漏光,需要更换。

(4) 样品测定　将待测的叶绿体样品放入比色皿,并放到样品室内。打开激发光,记录固定荧光。再打开诱导光,记录最大荧光强度(F_{max})。

4. 结果计算

根据记录的图谱,计算出固定荧光(F_0)和总荧光(F_{max})的数值,并按下述公式计算可变荧光和可变荧光产率。

可变荧光:

$$\Delta F = F_{max} - F_0$$

$$可变荧光产率 = \frac{\Delta F}{F_0}$$

5. 注意事项

整个叶绿体提取过程最好在 4 ℃下进行。

6. 思考题

（1）为什么可变荧光(ΔF)可以代表光系统 Ⅱ 的活力？

（2）什么是固定荧光、可变荧光和总荧光？

6.4　本章设计性实验选题

设计性实验选题 37　取代反应、皂化反应和光破坏作用对叶绿素吸收光谱的影响

1. 研究目的

探讨叶绿素由于发生取代反应、皂化反应和光破坏作用，其吸收光谱所发生的变化。

2. 方案设计提示

用普通或扫描分光光度计每隔 2 nm 分别测定取代反应、皂化反应和光破坏作用后色素的吸光度，并绘制出吸收光谱图。

设计性实验选题 38　叶片生长过程中光合色素含量的变化

1. 研究目的

探讨叶绿素和类胡萝卜素在叶片生长过程中的含量变化，试图了解它们生长过程中的合成和衰老过程中的降解情况。

2. 方案设计提示

建议以幼叶、成熟叶片、老叶等不同叶龄的叶片为实验材料。

设计性实验选题 39　不同生境中同种植物同龄叶片光合色素含量的差异

1. 研究目的

探讨不同生境中同一植物的叶绿素和类胡萝卜素的差异，试图了解不同生境对光合色素含量的影响。

2. 方案设计提示

建议以幼叶、成熟叶片、老叶等不同叶龄的叶片为实验材料。

设计性实验选题 40　非叶绿体色素(花青素)的提取、理化性质和含量测定

1. 研究目的

在了解花青素在植物细胞中的分布、含量及其理化性质的基础上，进一步区别它们与叶绿体色素的结构、功能和性质的差别。

2. 方案设计提示

(1) 建议以花或秋海棠叶片为实验材料。

(2) 通过调节色素提取液中的 pH 值来观察色素颜色的变化。

(3) 含量测定可于 470 nm 处进行。

设计性实验选题 41　叶绿体希尔反应的观察与鉴定

1. 研究目的

在掌握叶绿体等细胞器的分离方法的基础上,根据其特有的生理生化功能观察和鉴定特殊的生理生化反应,即希尔反应。

2. 方案设计提示

(1) 叶绿体提取可参考实验 52。

(2) 建议用氧化剂 2,6-二氯酚靛酚作为电子受体后直接观察颜色的变化或用分光光度计于 600 nm 处精确测定还原量。通过调节色素提取液中的 pH 值来观察色素颜色的变化。

设计性实验选题 42　菠菜叶片中色素蛋白复合体的分离

1. 研究目的

光合色素在类囊体膜上与膜蛋白形成有序排列的色素蛋白复合体,协同完成光能的传递和转换过程。本研究在利用缓冲溶液提取叶绿体及色素蛋白复合体的基础上,用纸电泳法或醋酸纤维素薄膜电泳法或盘状电泳法分离光系统 I 和光系统 II 等色素蛋白复合体,以鉴定色素蛋白复合体的种类及大小。

2. 方案设计提示

(1) 叶绿体提取可参考实验 52。

(2) 建议用纸电泳法或醋酸纤维素薄膜电泳法或盘状电泳法分离色素蛋白复合体。

附　　录

附录 A　硫酸铵饱和度常用表

（一）调整硫酸铵溶液饱和度计算表(25 ℃)

附表 A-1　调整硫酸铵溶液饱和度计算表(25 ℃)

	硫酸铵终浓度,饱和度/(%)																
	10	20	25	30	33	35	40	45	50	55	60	65	70	75	80	90	100
硫酸铵初浓度,饱和度/(%)	每升溶液加固体硫酸铵的质量(g) *																
0	56	114	144	176	196	209	243	277	313	351	390	430	472	516	561	662	767
10		57	86	118	137	150	183	216	251	288	326	365	406	449	494	592	694
20			29	59	78	81	123	155	189	225	262	300	340	382	424	520	619
25				30	49	61	93	125	158	193	230	267	307	348	390	485	583
30					19	30	62	94	127	162	198	235	273	314	356	449	546
33						12	43	74	107	142	177	214	252	292	333	426	522
35							31	63	94	129	164	200	238	278	319	411	506
40								31	63	97	132	168	205	245	285	375	469
45									32	65	99	134	171	210	250	339	431
50										33	66	101	137	176	214	302	392
55											33	67	103	141	179	264	353
60												34	69	105	143	227	314
65													34	70	107	190	275
70														35	72	153	237
75															36	115	198
80																77	157
90																	79

注:在 25 ℃,硫酸铵溶液由初浓度调到终浓度时,每升溶液所加固体硫酸铵的质量(g)。

（二）调整硫酸铵溶液饱和度计算表（0 ℃）

附表 A-2　调整硫酸铵溶液饱和度计算表(0 ℃)

		硫酸铵终浓度,饱和度 /（%）															
		20	25	30	35	40	45	50	55	60	65	70	75	80	85	90	95	100
		每 100 mL 溶液加固体硫酸铵的质量(g)*																
硫酸铵初浓度,饱和度 /（%）	0	10.6	13.4	16.4	19.4	22.6	25.8	29.1	32.6	36.1	39.8	43.6	47.6	51.6	55.9	60.3	65.0	69.7
	5	7.9	10.8	13.7	16.6	19.7	22.9	26.2	29.6	33.1	36.8	40.5	44.4	48.4	52.6	57.0	61.5	66.2
	10	5.3	8.1	10.9	13.9	16.9	20.0	23.3	26.6	30.1	33.7	37.4	41.2	45.2	49.3	53.6	58.1	62.7
	15	2.6	5.4	8.2	11.1	14.1	17.2	20.4	23.7	27.1	30.6	34.3	38.1	42.0	46.0	50.3	54.7	59.2
	20	0	2.7	5.5	8.3	11.3	14.3	17.5	20.7	24.1	27.6	31.2	34.9	38.7	42.7	46.9	51.2	55.7
	25		0	2.7	5.6	8.4	11.5	14.6	17.9	21.1	24.5	28.0	31.7	35.5	39.5	43.6	47.8	52.2
	30			0	2.8	5.6	8.6	11.7	14.8	18.1	21.4	24.9	28.5	32.3	36.2	40.2	44.5	48.8
	35				0	2.8	5.7	8.7	11.8	15.1	18.4	21.8	25.4	29.1	32.9	36.9	41.0	45.3
	40					0	2.9	5.8	8.9	12.0	15.3	18.7	22.2	25.8	29.6	33.5	37.6	41.8
	45						0	2.9	5.9	9.0	12.3	15.6	19.0	22.6	26.3	30.2	34.2	38.3
	50							0	3.0	6.0	9.2	12.5	15.9	19.4	23.0	26.8	30.8	34.8
	55								0	3.0	6.1	9.3	12.7	16.1	19.7	23.5	27.3	31.3
	60									0	3.1	6.2	9.5	12.9	16.4	20.1	23.1	27.9
	65										0	3.1	6.3	9.7	13.2	16.8	20.5	24.4
	70											0	3.2	6.5	9.9	13.4	17.1	20.9
	75												0	3.2	6.6	10.1	13.7	17.4
	80													0	3.3	6.7	10.3	13.9
	85														0	3.4	6.8	10.5
	90															0	3.4	7.0
	95																0	3.5
	100																	0

注:在 0 ℃,硫酸铵溶液由初浓度调到终浓度时,每 100 mL 溶液所加固体硫酸铵的质量(g)。

附录 B 实验中常用酸、碱的相对密度和浓度的关系

附表 B-1 实验中常用酸、碱的相对密度和浓度的关系

名　称	化学式	相对分子质量	相对密度	质量分数/(%)	物质的量浓度（粗略)/($mol \cdot L^{-1}$)	配 1 L 1 $mol \cdot L^{-1}$溶液所需量/mL
盐酸	HCl	36.47	1.19	37.2	12.0	84
			1.18	35.4	11.8	
			1.10	20.0	6.0	
硫酸	H_2SO_4	98.09	1.84	95.6	18.0	28
			1.18	24.8	3.0	
硝酸	HNO_3	63.02	1.42	70.98	16.0	63
			1.40	65.3	14.5	
			1.20	32.36	6.1	
冰醋酸	CH_3COOH	60.05	1.05	99.5	17.4	59
醋酸	CH_3COOH	60.05	1.075	80.0	14.3	69.93
磷酸	H_3PO_4	98.06	1.71	85.0	15	67
氨水	NH_4OH	35.05	0.90		15	67
			0.904	27.0	14.3	70
			0.91	25.0	13.4	
			0.96	10.0	5.6	
氢氧化钠溶液	NaOH	40.0	1.5	50.0	19	53

附录 C 常用固态酸、碱、盐的物质的量浓度配制参考表

附表 C-1 常用固态酸、碱、盐的物质的量浓度配制参考表

名　称	化学式	相对分子质量	物质的量浓度/($mol \cdot L^{-1}$)	配 1 L 1 $mol \cdot L^{-1}$溶液所需量/g
草酸	$H_2C_2O_4 \cdot 2H_2O$	126.08	1.0	63.04
柠檬酸	$H_3C_6H_5O_7 \cdot H_2O$	210.14	0.1	7.00
氢氧化钾	KOH	56.10	5.0	280.50
氢氧化钠	NaOH	40.00	1.0	40.00
碳酸钠	Na_2CO_3	106.00	0.5	53.00

名　　称	化学式	相对分子质量	物质的量浓度/(mol·L⁻¹)	配 1 L 1 mol·L⁻¹溶液所需量/g
磷酸氢二钠	$Na_2HPO_4 \cdot 12H_2O$	358.20	1.0	358.20
磷酸二氢钾	KH_2PO_4	136.10	1/15	9.08
重铬酸钾	$K_2Cr_2O_7$	294.20	1/60	4.9035
碘化钾	KI	166.00	0.5	83.00
高锰酸钾	$KMnO_4$	158.00	0.05	3.16
醋酸钠	$NaC_2H_3O_2$	82.04	1.0	82.04
硫代硫酸钠	$Na_2S_2O_3 \cdot 5H_2O$	248.20	0.1	24.82

附录 D　常用有机溶剂及其主要性质

附表 D-1　常用有机溶剂及其主要性质

名称	化学式	相对分子质量	熔点/℃	沸点/℃	溶解性质	性　　质
甲醇	CH_3OH	32.04	−97.8	64.7	溶于水、乙醇、乙醚、苯等	有毒
乙醇	C_2H_5OH	46.07	−114.10	78.50	与水及许多有机溶剂混溶	易燃
丙醇	$CH_3CH_2CH_2OH$	60.09	−127.0	97.20	与水、乙醇、乙醚等混溶	对眼有刺激作用
异丙醇	$(CH_3)_2CHOH$	60.09	−88.5	82.5	与水、乙醇、氯仿等混溶,不溶于盐溶液	易燃
丁醇	$CH_3CH_2CH_2CH_2OH$	74.12	−90.0	117~118	与乙醇、乙醚等多种有机溶剂混溶	蒸气有刺激性
戊醇	$CH_3(CH_2)_4OH$	88.15	−79.0	137.5	与乙醇、乙醚混溶	有刺激作用
特丁醇	$(CH_3)_3COH$	74.12	25.6	82.41	溶于水,与乙醇、乙醚混溶	
丙酮	CH_3COCH_3	58.08	−94.0	56.5	与水、乙醇、氯仿、乙醚及多种油类混溶	挥发性强,易燃,有麻醉性
乙醚	$C_2H_5OC_2H_5$	74.12	−116.3	34.6	微溶于水,易溶于浓盐酸与苯、氯仿、石油醚及脂肪溶剂	易挥发,易燃,有麻醉性

名称	化 学 式	相对分子质量	熔点/℃	沸点/℃	溶 解 性 质	性 质
氯仿	$CHCl_3$	119.39	−63.5 固化	61～62	易溶于水,能与多种有机溶剂及油类混溶	易挥发
醋酸乙酯	$CH_3COOC_2H_5$	88.1	−83.0	77.0	溶于水,与乙醇、氯仿、丙酮、乙醚混溶	易挥发,易燃烧
苯	C_6H_6	78.11	5.5 固化	80.1	易溶于水,与乙醇、乙醚、氯仿等有机溶剂及油混溶	极易燃,有毒
甲苯	$CH_3C_6H_5$	92.13	−95 固化	110.6	微溶于水,能与多种有机溶剂混溶	易燃,高浓度有麻醉作用
二甲苯	$C_6H_4(CH_3)_2$	106.16		137～140	不溶于水,与无水乙醇、乙醚等多种有机溶剂混溶	易燃,高浓度有麻醉作用
酚	C_6H_5OH	94.11	40.85	182.0	能溶于水,易溶于乙醇、乙醚、氯仿、甘油、油。不溶于石油醚	有毒,有腐蚀性,高浓度有麻醉作用
己烷	$CH_3(CH_2)_4CH_3$	86.17	−100～−95 固化	69.0	不溶于水,与乙醇、氯仿、乙醚混溶	易挥发,易燃,高浓度有麻醉作用
环己烷	$(CH_2)_6$	84.16	6.47	80.7	不溶于水,与乙醇、乙醚、丙酮、苯等混溶	易燃,刺激皮肤,高浓度可用于麻醉
甲酰胺	CH_3NO	45.04	2.55	210.5	溶于水,与甲醇、乙醇、丙酮、醋酸、己二醇、甘油等混溶,微溶于苯、乙醚	对皮肤有刺激作用
四氯化碳	CCl_4	153.84	−23 固化	76.7	微溶于水,能与乙醇、苯、氯仿、乙醚、二硫化碳、石油醚、油等混溶	不燃烧,可用于灭火,有毒
二硫化碳	CS_2	76.14	−116.6	46.5	难溶于水,与无水甲醇、乙醇、乙醚、苯、氯仿、油类等混溶	有毒,有恶臭,极易燃

续表

名称	化 学 式	相对分子质量	熔点 /℃	沸点 /℃	溶解性质	性　　质
石油醚				35.8	不溶于水,能与多种有机溶剂混溶	有挥发性,极易燃
吡啶	C_5N_5N	79.10	−42 固化	115～116	能与水、乙醇、乙醚、石油醚混溶	易燃,有刺激作用
乙腈	C_2H_3N	41.05	−45	81.6	与水、甲醇、醋酸、丙酮、乙醚等混溶	有毒,遇火燃烧

附录 E　常用酸、碱指示剂

附表 E-1　常用酸、碱指示剂

中文名	英文名	变色 pH 值范围	酸性色	碱性色	浓度 /(%)	溶剂	100 mL 指示剂需 0.1 mol·L^{-1} NaOH 的量/mL
间甲酚紫	m-Cresol purple	1.2～2.8	红色	黄色	0.04	稀碱	1.05
麝香草酚蓝	Thymol blue	1.2～2.8	红色	黄色	0.04	稀碱	0.86
溴酚蓝	Bromphenol blue	3.0～4.6	黄色	紫色	0.04	稀碱	0.6
甲基橙	Methyl orange	3.1～4.4	红色	黄色	0.02	水	—
溴甲酚绿	Bromcresol green	3.8～5.4	黄色	蓝色	0.04	稀碱	0.58
甲基红	Methyl red	4.4～6.2	红色	黄色	0.1	50%乙醇	—
氯酚红	Chlorphenol red	4.8～6.4	黄色	红色	0.04	稀碱	0.94
溴酚红	Bromphenol red	5.2～6.8	黄色	红色	0.04	稀碱	0.78
溴甲酚紫	Bromcresol purple	5.2～6.8	黄色	紫色	0.04	稀碱	0.74
溴麝香草酚蓝	Bromothymol blue	6.0～7.6	黄色	蓝色	0.04	稀碱	0.64
酚红	Phenol red	6.4～8.2	黄色	红色	0.02	稀碱	1.13
中性红	Neutral red	6.8～8.0	红色	黄色	0.01	50%乙醇	—
甲酚红	Cresol red	7.2～8.8	黄色	紫红色	0.04	稀碱	1.05
间甲酚紫	m-Cresol purple	7.4～9.0	黄色	紫色	0.04	稀碱	1.05

续表

中文名	英文名	变色 pH 值范围	酸性色	碱性色	浓度/(%)	溶剂	100 mL 指示剂需 0.1 mol·L^{-1} NaOH 的量/mL
麝香草酚蓝	Thymol blue	8.0~9.6	黄色	蓝色	0.04	稀碱	0.86
酚酞	Phenolphthalein	8.2~10.0	无色	紫色	0.1	96%乙醇	—
麝香草酚酞	Thymolphthalein	9.3~10.5	无色	紫色	0.1	50%乙醇	—
茜素黄 R	Alizarin yellow R	10.0~12.1	淡黄色	棕红色	0.1	50%乙醇	—
金莲橙 O	Tropaeolin O	11.1~12.7	黄色	红棕色	0.1	水	—

附录 F 标准计量单位

（一）中华人民共和国法定计量单位（部分内容）（1986-7-1 起实施）

附表 F-1 国际单位制的基本单位

量 的 名 称	单 位 名 称	单 位 符 号
长度	米	m
质量	千克（公斤）	kg
时间	秒	s
电流	安（培）	A
热力学温度	开（尔文）	K
物质的量	摩（尔）	mol
发光强度	坎（德拉）	cd

附表 F-2 用基本单位表示的国际制导出单位

量 的 名 称	单 位 名 称	单 位 符 号
面积	平方米	m^2
体积	立方米	m^3
速度	米每秒	m·s^{-1}
密度	千克每立方米	kg·m^{-3}
（物质的量）浓度	摩尔每立方米,摩尔每升	mol·m^{-3},mol·L^{-1}
光亮度	坎德拉每平方米	cd·m^{-2}

附表 F-3　国际单位中具有专门名称的导出单位

量的名称	单位名称	单位符号	关　系　式
频率	赫[兹]	Hz	$1\ \mathrm{Hz} = 1\ \mathrm{s}^{-1}$
力,重力	牛[顿]	N	$1\ \mathrm{N} = 1\ \mathrm{kg} \cdot \mathrm{m} \cdot \mathrm{s}^{-2}$
压力,压强,应力	帕[斯卡]	Pa	$1\ \mathrm{Pa} = 1\ \mathrm{N} \cdot \mathrm{m}^{-2}$
能[量],功,热量	焦[耳]	J	$1\ \mathrm{J} = 1\ \mathrm{N} \cdot \mathrm{m}$
功率,辐[射能]通量	瓦[特]	W	$1\ \mathrm{W} = 1\ \mathrm{J} \cdot \mathrm{s}^{-1}$
电位,电压,电动势	伏[特]	V	$1\ \mathrm{V} = 1\ \mathrm{W} \cdot \mathrm{A}^{-1}$
电阻	欧[姆]	Ω	$1\ \Omega = 1\ \mathrm{V} \cdot \mathrm{A}^{-1}$
电导	西[门子]	S	$1\ \mathrm{S} = 1\ \mathrm{A} \cdot \mathrm{V}^{-1}$
光通量	流[明]	lm	$1\ \mathrm{lm} = 1\ \mathrm{cd} \cdot \mathrm{sr}$
[光]照度	勒[克斯]	lx	$1\ \mathrm{lx} = 1\ \mathrm{lm} \cdot \mathrm{m}^{-2}$
光照强度	微摩尔每平方米每秒	$\mu\mathrm{mol} \cdot \mathrm{m}^{-2} \cdot \mathrm{s}^{-1}$	$1\ \mu\mathrm{mol} \cdot \mathrm{m}^{-2} \cdot \mathrm{s}^{-1} \approx 50\ \mathrm{lx}$

附表 F-4　国家选定的非国际单位制单位

量的名称	单位名称	单位符号	关　系　式
时间	分	min	$1\ \mathrm{min} = 60\ \mathrm{s}$
	[小]时	h	$1\ \mathrm{h} = 60\ \mathrm{min} = 3600\ \mathrm{s}$
	天(日)	d	$1\ \mathrm{d} = 24\ \mathrm{h} = 86400\ \mathrm{s}$
体积	升	L(l)	$1\ \mathrm{L} = 1\ \mathrm{dm}^3 = 10^{-3}\ \mathrm{m}^3$

附表 F-5　常用国际制词冠

表示的因数	词冠名称	中文代号	国际代号
10^6	兆(mega)	兆	M
10^3	千(kilo)	千	k
10^2	百(hecto)	百	h
10^1	十(deca)	十	da
10^{-1}	分(deci)	分	d
10^{-2}	厘(centi)	厘	c
10^{-3}	毫(milli)	毫	m
10^{-6}	微(micro)	微	μ
10^{-9}	纳诺(nano)	纳[诺]	n
10^{-12}	皮可(pico)	皮[可]	p
10^{-15}	飞母托(femto)	飞[母托]	f

（二）常见非法定计量单位与法定计量单位的换算

附表 F-6　常见单位的换算

类　　别	换　　算
英里（mile）	1 mile＝1609.344 m
英尺（ft）	1 ft＝0.3048 m＝12 in
英寸（in）	1 in＝0.0254 m＝2.54 cm
埃（Å）	1 Å＝10^{-10} m＝0.1 nm
达因（dyn）	1 dyn＝10^{-5}N＝1 g·cm·s^{-2}
巴（bar）	1 bar＝10^5 Pa
毫巴（mbar）	1 mbar＝100 Pa
毫米水柱（mmH_2O）	1 mmH_2O＝9.80665 Pa
毫米汞柱（mmHg）	1 mmHg＝133.322 Pa
尔格（erg）	1 erg＝10^{-7} J
卡（cal）	1 cal＝4.1868 J

附录 G　常见的植物生长调节物质及其主要性质

附表 G-1　常见的植物生长调节物质及其主要性质

名　　称	化学式	相对分子质量	溶解性质
吲哚乙酸（IAA）	$C_{10}H_9O_2N$	175.19	溶于醇、醚、丙酮，在碱性溶液中稳定，遇热酸后失去活性
吲哚丁酸（IBA）	$C_{12}H_{13}NO_3$	203.24	溶于醇、丙酮、醚，不溶于水、氯仿
α-萘乙酸（NAA）	$C_{12}H_{10}O_2$	186.20	易溶于热水，微溶于冷水，溶于丙酮、醚、醋酸、苯
2,4-二氯苯氧乙酸（2,4-D）	$C_8H_6C_{12}O_3$	221.04	难溶于水，溶于醇、丙酮、乙醚等有机溶剂
赤霉素（GA_3）	$C_{10}H_{22}O_6$	346.4	难溶于水，不溶于石油醚、苯、氯仿而溶于醇类、丙酮、冰醋酸
4-碘苯氧乙酸（PIPA）（增产灵）	$C_8H_7O_3I$	278	微溶于冷水，易溶于热水、乙醇、氯仿、乙醚、苯
对氯苯氧乙酸（PCPA）（防落素）	$C_8H_7O_3Cl$	186.5	溶于乙醇、丙酮和醋酸等有机溶剂和热水

续表

名　称	化学式	相对分子质量	溶解性质
激动素(Kt)	$C_{10}H_9N_5O$	215.21	易溶于稀盐酸、稀氢氧化钠溶液,微溶于冷水、乙醇、甲醇
6-苄基腺嘌呤(6BA)	$C_{12}H_{11}N_5$	225.25	溶于稀碱、稀酸,不溶于乙醇
脱落酸(ABA)	$C_{15}H_{20}O_4$	264.3	溶于碱性溶液如$NaHCO_3$、三氯甲烷、丙酮、乙醇
2-氯乙基膦酸(CEPA)(乙烯利)	$ClCH_2PO(OH)_2$	144.5	易溶于水、乙醇、乙醚
2,3,5-三碘苯甲酸(TIBA)	$C_7H_3O_2I_3$	500.92	微溶于水,微溶于醇,易溶于冰醋酸、二乙醇胺
青鲜素(MH)	$C_4H_4O_2N_2$	112.09	难溶于水,微溶于醇,易溶于冰醋酸、二乙醇胺
缩节安(助壮素)(Pix)	$C_7H_{16}NCl$	149.5	可溶于水
矮壮素(CCC)	$C_5H_{13}NCl_{12}$	158.07	易溶于水,溶于乙醇、丙酮,不溶于苯、二甲苯、乙醚
B9	$C_6H_{12}N_2O_3$	160.0	易溶于水、甲醇、丙酮,不溶于二甲苯
PP333(多效唑)	$C_{15}H_{20}ClN_3O$	293.5	易溶于甲醇、丙酮
三十烷醇(TAL)	$CH_3(CH_2)_{28}CH_2OH$	438.38	不溶于水,难溶于冷甲醇、乙醇,可溶于热苯、丙酮、乙醇、氯仿
油菜素内酯(BR)	$C_{28}H_{48}O_6$	480	溶于甲醇、乙醇等

附录 H　植物激素与生长调节剂在农业生产中的应用

附表 H-1　植物激素与生长调节剂在农业生产中的应用

作　用	药剂名称	施用对象	方法及效果
促进插枝生根	NAA	黄杨、松、葡萄、梨	$500\sim1000$ mg·kg^{-1},粉剂沾根法
	IBA	苹果、李、池柏、桑、茶、甘薯	$20\sim200$ mg·L^{-1},慢速浸泡法
			$500\sim5000$ mg·L^{-1},快速浸泡法
促进开花	NAA	菠萝	$15\sim20$ mg·L^{-1},从株心灌
	乙烯利	菠萝	$400\sim1000$ mg·L^{-1},喷施或灌心
增加雌花	乙烯利	黄瓜、南瓜	$100\sim250$ mg·L^{-1},一至四叶期喷施
增加雄花	GA3	黄瓜	$50\sim150$ mg·L^{-1},二至四叶期喷施

作　　用	药剂名称	施用对象	方法及效果
促进结实	2,4-D	番茄、茄子	$10\sim30$ mg·L^{-1}，局部喷施
	GA3	杂交水稻不育系	$40\sim80$ mg·L^{-1}，始穗期至齐穗期喷施
		葡萄	$10\sim20$ mg·L^{-1}，花期喷施
	NAA	西瓜	1000 mg·L^{-1}，混入羊毛脂软膏涂抹
	TIBA	大豆	125 mg·L^{-1}，花期喷施
疏花疏果,促进脱落	NAA	鸭梨、苹果	40 mg·L^{-1}，局部喷施
	乙烯利	梨	$240\sim480$ mg·L^{-1}，花期喷施
		苹果	250 mg·L^{-1}，盛花前喷施
保花保果,防止脱落	NAA	棉花	10 mg·L^{-1}，盛花期喷施
		苹果	$40\sim60$ mg·L^{-1}，落果初期喷施
	GA3	棉花	$10\sim50$ mg·L^{-1}，盛花期喷施
		葡萄	200 mg·L^{-1}，花后 10 d 喷施
	B9	苹果	$200\sim1000$ mg·L^{-1}，采果前 60 d 喷施
	2,4-D	柑橘	$50\sim60$ mg·L^{-1}，$11\sim12$ 月喷施
		番茄	$10\sim25$ mg·L^{-1}，初花期、盛花期浸花朵
		茄子	30 mg·L^{-1}，浸花处理
	防落素	茄子	喷花
促进营养生长 增加产量	GA3	芹菜、苋、芫荽	$50\sim100$ mg·L^{-1}，采前 $10\sim15$ d
		菠菜、莴苣、四季豆	$10\sim30$ mg·L^{-1}，喷苗
		茶	100 mg·L^{-1}，芽叶刚伸展时
		花生	$25\sim100$ mg·L^{-1}，喷苗
	增产灵	水稻	30 mg·L^{-1}，盛花期喷施
		花生	$10\sim20$ mg·L^{-1}，盛大花期喷施
	PP333	早稻	300 mg·L^{-1}，秧苗期施
	BR	芹菜、萝卜、番茄、 小麦、水稻、玉米	$0.01\sim0.0001$ mg·L^{-1}，浸种或苗期喷施
延缓生长 植株矮化 增加产量	TIBA	大豆	150 mg·L^{-1}，分枝期喷施
	CCC	小麦	3000 mg·L^{-1}，拔节期喷施
		棉花	$20\sim50$ mg·L^{-1}，现蕾期、初花期喷施
	PP333	大豆	250 mg·L^{-1}，分枝至初花期喷施
		油菜	$100\sim150$ mg·L^{-1}，三叶期喷施

续表

作　用	药剂名称	施用对象	方法及效果
促进果实成熟	烯效唑	小麦	50 mg·L^{-1},分蘖期、拔节期喷施
	乙烯利	香蕉	750~1000 mg·L^{-1},采前喷果
			1000 mg·L^{-1},采后浸果一下
		番茄	500~2000 mg·L^{-1},采前喷果
			1000~4000 mg·L^{-1},采后浸果一下
		柿子	500 mg·L^{-1},采后浸果 0.5~1 min
促进橡胶分泌乳汁	乙烯利	橡胶树	8%溶液涂树干割线下
打破休眠,促进萌发	GA3	马铃薯块茎	0.5 mg·L^{-1},浸泡 10 min
		杏种子	300~800 mg·L^{-1},浸种 1.5 h
		人参种子	100 mg·L^{-1},浸泡 24 h 沙藏催芽
		党参种子	50 mg·L^{-1},浸种 6 h
		莴苣种子	100 mg·L^{-1},浸种 2~4 h
		菠菜种子	0.5 mg·L^{-1},浸种 24 h
延长休眠,抑制发芽	青鲜素(MH)	洋葱、大蒜	2500 mg·L^{-1},2~3 片叶已枯
		马铃薯块茎	涂、喷施于中间的青绿色叶面
		萝卜、芜菁	2500~5000 mg·L^{-1},采收前 4~14 d 喷施
	萘乙酸甲酯(MENA)	马铃薯块茎	1000 mg·L^{-1},黏土粉剂混合贮藏

附录 I　维生素及其主要性质

附表 I-1　维生素及其主要性质

名称	化学式	相对分子质量	溶　解　性　质	其　他　性　质
硫胺素(VB$_1$)	$C_{12}H_{17}N_4OSCl$	337.28	易溶于水、甘油、甲醇,溶于乙醇,不溶于乙醚、苯、氯仿	受高温影响小,水溶液能经受 110 ℃灭菌消毒,硫胺素焦磷酸是羧化酶的活性成分 $pK_1=10.2,pK_2=1.7$;等电点 pH=6.0,碱性溶液中易变质,光能加速变质,核黄素是辅酶 FMN、FAD 的组分
核黄素(VB$_2$)	$C_{17}H_{20}N_4O_6$	376.37	溶于无水乙醇,微溶于水、酚、醋酸戊酯,不溶于乙醚、氯仿、丙酮、苯	

名称	化学式	相对分子质量	溶 解 性 质	其 他 性 质
烟酸 (Vpp)	$C_6H_5NO_2$	123.11	极易溶于水、乙醇、甘油，微溶于乙醚	对空气、酸(碱)、光、热稳定
泛酸	$C_9H_{17}NO_5$	219.23	极易溶于水、冰醋酸、醋酸乙酯、中等溶于乙醚、戊醇，不溶于苯、氯仿	易吸湿，易为酸、碱、热破坏，是辅酶A的组分
吡哆醇 (VB$_6$)	$C_8H_{11}NO_3$	205.64	极易溶于水、溶于乙醇、丙二醇，微溶于丙酮，不溶于乙醚	对空气、光、热稳定，是转氨酶的辅酶
维生素B$_{12}$	$C_{63}H_{88}N_{14}O_{14}P$	1355.42	易溶于水，溶于乙醇，不溶于氯仿、丙酮、乙醚	水溶液pH=4.5～5.0时最稳定，能经120 ℃灭菌，它参与丝氨酸转变为甘氨酸的过程

附录 J   常用缓冲溶液的配制

（一）磷酸盐缓冲溶液

母液

A：0.2 mol·L^{-1} Na$_2$HPO$_4$溶液。取 Na$_2$HPO$_4$·2H$_2$O 35.61 g，或 Na$_2$HPO$_4$·7H$_2$O 53.65 g，或 Na$_2$HPO$_4$·12H$_2$O 71.64 g，用蒸馏水溶至 1000 mL。

B：0.2 mol·L^{-1} NaH$_2$PO$_4$溶液。

取 NaH$_2$PO$_4$·H$_2$O 27.6 g 或 NaH$_2$PO$_4$·2H$_2$O 31.2 g，用蒸馏水溶至 1000 mL。

0.1 mol·L^{-1}**缓冲溶液配法** A：x mL＋B：y mL **稀释至** 200 mL

x	y	pH	x	y	pH
6.5	93.5	5.7	26.5	73.5	6.4
8.0	92.0	5.8	31.5	68.5	6.5
10.0	90.0	5.9	37.5	62.5	6.6
12.3	87.7	6.0	43.5	56.5	6.7
15.0	85.0	6.1	49.0	51.0	6.8
18.5	81.5	6.2	55.0	45.0	6.9
22.5	77.5	6.3	61.0	39.0	7.0

x	y	pH	x	y	pH
67.0	33.0	7.1	87.0	13.0	7.6
72.0	28.0	7.2	89.5	10.5	7.7
77.0	23.0	7.3	91.5	8.5	7.8
81.0	19.0	7.4	93.0	7.0	7.9
84.0	16.0	7.5	94.7	5.3	8.0

（二）Tris 缓冲溶液

母液

A：0.2 mol·L^{-1}三羟甲基氨基甲烷溶液（Tris）（24.2 g 溶至 1000 mL）。

B：0.2 mol·L^{-1} HCl 溶液。

A：50 mL＋B：x mL，**稀释至 200 mL**

x	pH	x	pH
5.0	9.0	26.8	8.0
8.1	8.8	32.5	7.8
12.2	8.6	38.4	7.6
16.5	8.4	41.4	7.4
21.9	8.2	44.2	7.2

（三）醋酸盐缓冲溶液

母液

A：0.2 mol·L^{-1}醋酸溶液（11.55 mL 冰醋酸稀释至 1000 mL）。

B：0.2 mol·L^{-1}醋酸钠溶液（16.4 g $C_2H_3O_2Na$ 或 27.2 g $C_2H_3O_2Na·3H_2O$ 溶至 1000 mL）。

A：x mL＋B：y mL，**稀释至 100 mL**

x	y	pH	x	y	pH
46.3	3.7	3.6	20.0	30.0	4.8
44.0	6.0	3.8	14.8	35.2	5.0
41.0	9.0	4.0	10.5	39.5	5.2
36.8	13.2	4.2	8.8	41.2	5.4
30.5	19.5	4.4	4.8	45.2	5.6
25.5	24.5	4.6			

（四）柠檬酸-磷酸缓冲溶液

母液

A：$0.1\ mol \cdot L^{-1}$柠檬酸溶液（19.21 g 柠檬酸溶至 1000 mL）。

B：$0.2\ mol \cdot L^{-1}$磷酸氢二钠溶液（53.65 g $Na_2HPO_4 \cdot 7H_2O$ 或 71.7 g $Na_2HPO_4 \cdot 12H_2O$溶至 1000 mL）。

A：x mL＋B：y mL，稀释至 100 mL

x	y	pH	x	y	pH
44.6	5.4	2.6	24.3	25.7	5.0
42.2	7.8	2.8	23.3	26.7	5.2
39.8	10.2	3.0	22.2	27.8	5.4
37.7	12.3	3.2	21.0	29.0	5.6
35.9	14.1	3.4	19.7	30.3	5.8
33.9	16.1	3.6	17.9	32.1	6.0
32.3	17.7	3.8	16.9	33.1	6.2
30.7	19.3	4.0	15.4	34.6	6.4
29.4	20.6	4.2	13.6	36.4	6.6
27.8	22.2	4.4	9.1	40.9	6.8
26.7	23.3	4.6	6.5	43.6	7.0
25.2	24.8	4.8			

（五）柠檬酸-氢氧化钠-盐酸缓冲溶液

pH	钠离子 /(mol·L⁻¹)	柠檬酸/g (C₆H₈O₇·7H₂O)	氢氧化钠/g (NaOH)	盐酸/mL (HCl)	最终体积/ L
2.2	0.20	210	84	160	10
3.1	0.20	210	83	116	10
3.3	0.20	210	83	106	10
4.3	0.20	210	83	45	10
5.3	0.35	245	144	68	10
5.8	0.45	285	186	105	10
6.5	0.38	266	156	126	10

注：使用时可以每升中加入 1 g 酚，若最后 pH 值有变化，再用少量 50%氢氧化钠溶液或浓盐酸调节，在冰箱中保存。

（六）甘氨酸-盐酸缓冲溶液（0.05 mol · L^{-1}）

x mL 0.2 mol · L^{-1} **甘氨酸** + y mL 0.2 mol · L^{-1} HCl **再加水稀释至** 200 mL

pH	x	y	pH	x	y
2.2	50	44.0	3.0	50	11.4
2.4	50	32.4	3.2	50	8.2
2.6	50	24.2	3.4	50	6.4
2.8	50	16.8	3.6	50	5.0

注:甘氨酸的相对分子质量为 75.07,0.2 mol · L^{-1} 甘氨酸溶液含 15.01 g · L^{-1}。

（七）甘氨酸-氢氧化钠缓冲溶液（0.05 mol · L^{-1}）

x mL 0.2 mol · L^{-1} **甘氨酸** + y mL 0.2 mol · L^{-1} NaOH **再加水稀释至** 200 mL

pH	x	y	pH	x	y
8.6	50	4.0	9.6	50	22.4
8.8	50	6.0	9.8	50	27.2
9.0	50	8.8	10	50	32.0
9.2	50	12.0	10.4	50	38.6
9.4	50	16.8	10.6	50	45.5

注:甘氨酸的相对分子质量为 75.07,0.2 mol · L^{-1} 甘氨酸溶液含 15.01 g · L^{-1}。

（八）硼砂-氢氧化钠缓冲溶液

贮备液 A:0.05 mol · L^{-1} 硼砂溶液（19.05 g $Na_2B_4O_7$ · 10H_2O 配成 1000 mL）。

贮备液 B:0.2 mol · L^{-1} 氢氧化钠溶液。

A:50 mL + B:x mL,**稀释至** 200 mL

pH	x	pH	x
9.28	0.0	9.7	29.0
9.35	7.0	9.8	34.0
9.4	11.0	9.9	38.6
9.5	17.6	10.0	43.0
9.6	23.0	10.1	46.0

（九）硼酸-硼砂缓冲溶液

pH	A液/mL	B液/mL	pH	A液/mL	B液/mL
7.4	1.0	9.0	8.2	3.5	6.5
7.6	1.5	8.5	8.4	4.5	5.5
7.8	2.0	8.0	8.7	6.0	4.0
8.0	3.0	7.0	9.0	8.0	2.0

A液（$0.05\ mol \cdot L^{-1}$硼砂溶液）：$Na_2B_4O_7 \cdot 10H_2O$ 的相对分子质量为 381.43，$0.05\ mol \cdot L^{-1}$溶液为 $19.07\ g \cdot L^{-1}$。

B液（$0.2\ mol \cdot L^{-1}$硼酸）：H_3BO_3 的相对分子质量为 61.84，$0.2\ mol \cdot L^{-1}$的溶液为 $12.37\ g \cdot L^{-1}$。

硼砂易失去结晶水，必须在带塞的瓶中保存。

（十）巴比妥钠-盐酸缓冲溶液（18 ℃）

pH	A液/mL	B液/mL	pH	A液/mL	B液/mL
6.8	100	18.4	8.4	100	5.21
7.0	100	17.8	8.6	100	3.82
7.2	100	16.7	8.8	100	2.52
7.4	100	15.3	9.0	100	1.65
7.6	100	13.4	9.2	100	1.13
7.8	100	11.47	9.4	100	0.70
8.0	100	9.39	9.6	100	0.35
8.2	100	7.21			

A液（$0.04\ mol \cdot L^{-1}$巴比妥钠溶液）：巴比妥钠的相对分子质量为 206.18，$0.04\ mol \cdot L^{-1}$溶液为 $8.25\ g \cdot L^{-1}$。

B液（$0.2\ mol \cdot L^{-1}$ HCl溶液）。

参 考 文 献

［1］高俊凤.植物生理学实验指导［M］.3 版.北京:高等教育出版社,2006.

［2］郝建军,康宗利,于洋.植物生理学实验技术［M］.北京:化学工业出版社,2007.

［3］侯福林.植物生理学实验教程［M］.北京:科学出版社,2004.

［4］黄号栋,杨静,龚明.用磷酸二酯酶定量检测植物钙调素方法的改进［J］.植物生理学通讯,2003,39(2):156-160.

［5］李忠光,宋玉泉,龚明.二甲酚橙法用于测定植物组织中的过氧化氢［J］.云南师范大学学报(自然科学版),2007,27(3):50-54.

［6］李忠光,龚明.植物中超氧阴离子自由基测定方法的改进［J］.云南植物研究,2005,27(2):211-216.

［7］李忠光,李江鸿,杜朝昆,等.在单一提取系统中同时测定五种抗氧化酶［J］.云南师范大学学报(自然科学版),2002,22(6):44-48.

［8］李忠光,龚明.科研成果转化为综合性实验内容的尝试［J］.植物生理学通讯,2007,43(2):345-347.

［9］李忠光,杨仕忠,龚明.植物生理学设计性实验教学的尝试［J］.植物生理学通讯,2007,43(5):935-936.

［10］李忠光,杨仕忠,龚明.植物生理验证性实验转变为综合性实验的几个实例［J］.植物生理学通讯,2008,44(1):137-138.

［11］李忠光,龚明.愈创木酚法测定植物过氧化物酶活性的改进［J］.植物生理学通讯,2008,44(2):323-324.

［12］李忠光,龚明.植物生理学综合性和设计性实验的考核方法［J］.植物生理学通讯,2008,44(3):551-553.

［13］李忠光,郭颖,杨双梅,等.热激诱导的玉米幼苗耐热性及其与脯氨酸的关系［J］.广西植物,2010,30(3):403-406.

［14］刘俊,吕波,徐朗来.植物叶片过氧化氢测定方法的改进［J］.生物物理进展,2000,27(5):548-551.

［15］刘萍,李明军.植物生理学实验技术［M］.北京:科学出版社,2007.

［16］宋松泉,程红焱,龙春林,等.种子生物学研究指南［M］.北京:科学出版社,2005.

［17］孙群,胡景江.植物生理学研究技术［M］.陕西:西北农林科技大学出版社,2006.

［18］汤章城.现代植物生理学实验指南［M］.北京:科学出版社,1999.

［19］王学奎.植物生理生化实验原理和技术［M］.2 版.北京:高等教育出版社,

2006.

　　[20] 叶宝兴,朱新产. 生物科学基础实验[M]. 北京:高等教育出版社,2007.

　　[21] 余沛涛. 植物生理学设计性实验指导与习题汇编[M]. 浙江:浙江大学出版社,2006.

　　[22] 张志良,瞿伟菁,李小方. 植物生理学实验指导[M]. 4 版. 北京:高等教育出版社,2009.

　　[23] 钟蕾. 植物生理学综合设计性实验教程[M]. 北京:中国农业出版社,2012.

　　[24] 邹琦. 植物生理学实验指导[M]. 北京:中国农业出版社,2000.

　　[25] Able AJ,Guest DI,Sutherland MW. Use of a New Tetrazolium-based Assay to Study the Production of Superoxide Radicals by Tobacco Cell Cultures Challenged with Avirulent Zoospores of Phytophthora Parasitica var Nicotianae[J]. Plant Physiol. ,1998,117:401-499.

　　[26] Brennan T,Frenkel C. Involvement of Hydrogen Peroxide in the Regulation of Senescence in Pearl[J]. Plant Physiol. ,1977,59:411-416.

　　[27] Gay C,Gebicki JM. A Critical Evaluation of the Effect of Sorbitol on the Ferric-xylenol Orange Hydroperoxide Assay[J]. Anal. Biochem. ,2000,284:217-220.

　　[28] Hopkins,WG,Hüner NPA. Introduction to Plant Physiology[M]. 3rd ed. New York:John Wiley & Sons,Inc,2004.

　　[29] Taiz L,Zeiger E. Plant Physiology[M]. 4th ed. Sunderland:Sinauer Associates,Inc,2006.

　　[30] Uchida A,Jagendorf AT,Hibino T. Effects of Hydrogen Peroxide and Nitric Oxide on Both Salt and Heat Stress Tolerance in Rice[J]. Plant Sci. ,2002,163:515-523.